普通高等教育"十四五"规划教材

冶金工业出版社

工程水文地质学基础

王 宇　唐春安　编著

北　京
冶金工业出版社
2021

内 容 提 要

本书共 10 章,共包括水文地质学在土木工程中的应用、地下水赋存规律、地下水运动规律、地下水理化特征及形成作用、地下水系统及其循环特征、地下水的动态与均衡、不同赋存介质中地下水基本特征、地下水渗流引起的岩土工程问题、渗流与岩土工程灾害及事故案例、水文地质学试验等内容,每章后附有思考题。

本书可作为高等院校岩土工程、采矿工程、石油工程、地质工程和土木工程等专业的教材或参考书,也可作为水文与水资源工程、地下水科学与工程、环境工程、资源勘查工程(石油天然气、固体矿产方向)、地理信息系统、水利水电工程、采矿工程等相关专业的参考教材。

图书在版编目(CIP)数据

工程水文地质学基础/王宇,唐春安编著. —北京:冶金工业出版社,2021.5

普通高等教育"十四五"规划教材

ISBN 978-7-5024-8814-7

Ⅰ.①工… Ⅱ.①王… ②唐… Ⅲ.①工程地质—水文地质—高等学校—教材 Ⅳ.①P64

中国版本图书馆 CIP 数据核字(2021)第 082151 号

出 版 人 苏长永

地 址 北京市东城区嵩祝院北巷 39 号 邮编 100009 电话 (010)64027926
网 址 www.cnmip.com.cn 电子信箱 yjcbs@cnmip.com.cn
责任编辑 王 双 美术编辑 彭子赫 版式设计 禹 蕊
责任校对 郭惠兰 责任印制 李玉山
ISBN 978-7-5024-8814-7
冶金工业出版社出版发行;各地新华书店经销;北京印刷一厂印刷
2021 年 5 月第 1 版,2021 年 5 月第 1 次印刷
787mm×1092mm 1/16;10.75 印张;260 千字;162 页
42.00 元

冶金工业出版社 投稿电话 (010)64027932 投稿信箱 tougao@cnmip.com.cn
冶金工业出版社营销中心 电话 (010)64044283 传真 (010)64027893
冶金工业出版社天猫旗舰店 yjgycbs.tmall.com
(本书如有印装质量问题,本社营销中心负责退换)

前　　言

　　工程水文地质学是研究与人类工程建筑活动有关的地质问题的学科，是土木工程专业必不可少的专业基础课，课程内容丰富、教学难度大、具有挑战性。根据以往对水文地质学的学习和体会，其任务主要是培养学生阅读地质资料、分析工程水文地质条件、解决实际工程问题的能力。能否学好这门课程不但直接影响到后续专业课的学习效果，更重要的是关系到学生对专业知识的认识和专业兴趣的培养。结合土木工程专业学科特色，将水文地质学融入岩体工程地质力学中去，使之与其他基础课程，如工程地质学、岩石力学与工程有机结合是当前面临的一大难题。为此，鉴于水文地质学课题在土木工程学科和其他相关学科中的重要地位，应当有一本指导学习使用的特色工程水文地质学基础教材。

　　本书分为 10 章：第 1 章主要为水文地质学在土木工程中的应用，地下水及其功能、水文地质学解决土木工程问题采用的方法；第 2~7 章为地下水基础理论，其中第 2~6 章内容主要包括地下水赋存规律、地下水运动规律、地下水理化特征、地下水系统及循环、地下水动态与平衡等，第 7 章重点讲述不同介质中的地下水特征，包括孔隙水、裂隙水和岩溶水，内容与工程实践密切相关；第 8 章和第 9 章为地下水运动引起的岩土灾变问题及典型案例；第 10 章水文地质学试验，主要讲述物理试验和数值试验，力求让学生掌握用试验去发现水文地质问题并解决水文地质问题的方法。

　　本书的特点如下：

　　（1）与其他课程及专业相互融合，相辅相成。工程水文地质学课程是土木工程专业学生学习其他课程，如桥梁工程、基础工程、边坡工程、岩体力学、房屋建筑学等课程的基础，为培养适应性强的土木工程专业不同方向学生的需要，教材内容应包括水文地质学基本概念、岩土体水文地质特征、水文工程地质环境评价等知识。通过对本书的学习，学生可较全面地了解水文地质学内容，有利于学生解决各种工程类型中涉及的水文地质学问题。同时，本书涉及的水文地质学内容也可满足岩土工程、采矿工程、环境工程等其他专业学生学习。

（2）增加与水文地质相关的工程失稳案例。以往的水文地质学基础教材侧重于地质方面的基础理论，很少将工程岩土体失稳的案例融入教材中，内容相对枯燥，不能提高学生的学习积极性，教学效果差。本书将水文地质基础和工程案例相结合，不仅强调地下水赋存空间的特征、地下水的形成与分布、地下水的埋藏条件、运动机制与规律、地下水物理化学成分的基础理论，而且有针对性地加以案例说明，使学生更加深刻地认识到交通隧道工程突水涌水、桥墩倾覆、深部金属矿山断层带突水导渗活化以及滑坡、泥石流等灾害性问题。

（3）各章节后配有思考题。课后思考题是加深学生对课程内容的理解与消化的一个重要环节。学生通过思考题可以锻炼动手能力和培养分析问题能力。教师通过批改学生的思考题作业，既可以了解每个学生对课程内容的学习情况，同时也检查了自己的教学效果。本书在每章后配有思考题，有的可以从课本中直接找到答案，有的则与工程实际相结合，具有启发性。这些思考题能使学生对学习内容有更加深刻的印象，既能达到使学生牢固掌握基本知识的目的，也可以锻炼学生分析和解决问题的能力。

（4）增加水体渗流致灾水文地质灾变数值模拟试验。本书的编写内容融入了"基于 RFPA 开展岩土工程学科数值试验教学从而推动实验教学改革行动方案"计划，希望在地、矿、油及土木工程学科岩石力学及相关课程的教学中，运用数值试验方法（realistic failure process analysis，RFPA）。RFPA 是水文地质学或其他相关课程实验教学的一种辅助工具，本书基于 RFPA 开展岩土工程学科数值试验教学改革，进一步加深学生对课程中内容和概念的了解，达到补充和丰富课程实验教学的目的。

本书在酝酿和构思过程中，得到了中国科学院地质与地球物理研究所水文地质与工程地质学科组的大力支持。在日常教学和课程研讨过程中，受到中国地质大学（武汉）张人权教授、清华大学肖长来教授同类书籍的深度启发，整个教材的构思和选材也凝聚了前辈们的心血。北京科技大学高少华和刘昊等研究生参加了部分文字校正和书中插图绘制工作。在此谨向他们表示衷心的感谢。

由于时间和水平所限，书中不足之处，恳请读者给予批评指正。

作　者

2020 年 9 月

目　　录

1 水文地质学在土木工程中的应用

1.1 地下水及其功能

1.1.1 地下水基本概念

地下水是指赋存于地面以下岩石空隙中的水，狭义上指赋存于地下水面以下饱和含水层中的水，在国家标准《水文地质术语》（GB/T 14157—1993）中，地下水是指埋藏于地表以下的各种形式的重力水。

国外学者认为地下水位于地表面以下，其定义主要有 3 种：第一种是指与地表水有显著区别的所有埋藏于地下的水，特指含水层中饱水带的那部分水；第二种是向下流动或渗透，使土壤和岩石饱和，并补给泉和井的水；第三种是在地下的岩石空洞里、在组成地壳物质的空隙中储存的水。

1.1.2 地下水功能

地下水的功能主要有资源、生态和环境三大方面，包括资源功能、生态环境因子、灾害因子、地质营力与信息载体等五种功能。

（1）地下水具有资源功能。地下水是水资源重要的组成部分，由于其水质良好、分布广泛、变化稳定、便于利用而成为理想的供水水源，有时是唯一的供水水源。在我国半干旱与干旱区的华北、西北和东北地区，地下水是人类生活饮用水和工农业用水的主要水源。

此外当地下水中富集某些盐类与元素时，可成为有工业价值的液体矿产，称为工业矿水。当地下水含有某些特殊的组分，具有某些特殊的性质，从而具有一定的医疗价值和保健作用时被称为矿泉水。矿水及矿泉水分别是建立矿泉疗养地和生产瓶装矿泉水的必要资源。地球含有地下热能资源，热水、热蒸汽为载热流体，可用于发电、建立温室等，地下热能的利用也是目前的主要研究课题之一。

（2）地下水是主要的生态环境因子。在进行地下水开发利用的同时，人们越来越认识到地下水在开发利用中会对生态环境产生的影响越来越大。地下水是生态环境系统中一个敏感的子系统，是极其重要的生态环境因子，地下水的变化往往会影响生态环境系统的天然平衡状态。

（3）地下水是一种致灾因子。多年对地下水开发利用的研究表明，地下水开发利用不当，也会使地下水成为灾害因子。20 世纪 50 年代末期，华北地区拦蓄降水和地表水，只灌不排，使地下水位抬升，蒸发加强，土壤积盐，造成土壤次生盐渍化。在干旱和半干旱的平原、盆地中地下水位浅藏地区，也会发育原生的土壤盐渍化。湿润地区的平原和盆地，由于天然和人为的原因造成地下水位过浅，会产生原生或次生的土壤沼泽化。过量开采地下水使浅层地下水位持续下降，会疏干已有的沼泽，使原有的景观遭到破坏。在干旱地区地下水位大幅下降，会使表土干燥，黏结力降低，原来的绿洲就会变成沙漠。而在滨海地带或有地下咸水的地方，过量开采地下水，使海水或咸水入侵地下淡水，减少了可利用的地下水资源。松散沉积层的地下水被过量开采，水位大幅度下降后，会因为静水压力减小、黏性土层压密释水而导致地面沉降，我国上海、江苏省苏锡常地区因长期过量开采地下水均导致了地面沉降问题。此外水质恶化、水质污染、地方病、矿坑突水、滑坡、岩溶塌陷、渗透变形均与地下水有关。

（4）地下水是一种地质营力。地下水是一种重要的地质营力，是热量及化学组分的传输者和应力的传递者。地下水作为一种良好的溶剂，在岩石圈化学组分的传输中起到很大作用。在地下水的作用下，地壳乃至与地幔中的组分迁移，易于在地下水的排泄带、不同组分地下水的接触带形成矿床。地下水系统在油气二次迁移形成油气藏的过程中起着关键的作用。因此，水在参与岩浆作用、变质作用、岩石圈的形成与改造，乃至于在地球演变中均起到重要的作用。

（5）地下水具有信息载体功能。地下水也可以作为一种信息载体。作为应力的传递者，井孔中地下水位的异常变动，常反映了地壳的应力变化，因而可以作为预报地震的辅助标志；可以根据水化学异常晕圈定或追索隐伏近地表矿体；也可以根据岩石中地下水流动的痕迹去恢复古水文地质条件；地下水及其沉淀物的化学成分也可以提供来自地球深部的悠久地质年代的信息。

此外，利用地下水及其赋存介质（如含水层介质）储能（冷热水）、利用地下水极弱渗透性储存废料的试验也正在进行，利用包气带与饱水带进行渗滤循环以改善水质的试验已获得了成功。

1.2　水文地质学的发展历史和趋势

1.2.1　水文地质学发展历史

水文地质学的发展大体可以划分为萌芽、奠基、成形和发展 4 个阶段。

1.2.1.1　萌芽时期

远古的人类"逐水而居"。凿井取水，意味着地下水由"自在之物"变为"为我之物"，标志着水文地质学的萌芽。凿井取水，人类生活空间大为扩展，不再局限于有地表水或有泉水的处所，标志着人类文明史的重大转折。

迄今为止，中国发现最古老的水井是浙江余姚河姆渡木质结构井，成井距今约 5700 年。河姆渡井深仅 1.35m，却用 200 多根圆木支撑，结构精巧，如图 1-1 所示。由此推测，更原始的井出现得还要早些。战国晚期，四川开始在基岩中凿井取卤水制盐。东汉时，盐井深达 200m 左右，约 3000 年前，中西亚及北非的干旱地带出现坎儿井。坎儿井（qanat）一般认为源于波斯，是一种水平的集水-输水廊道，从山前含水层取水，通过地下廊道输送到山前平原，沿程有一系列竖井通向地面，用于汲水及检修；迄今，包括我国新疆在内的广大地区，许多坎儿井仍在使用。

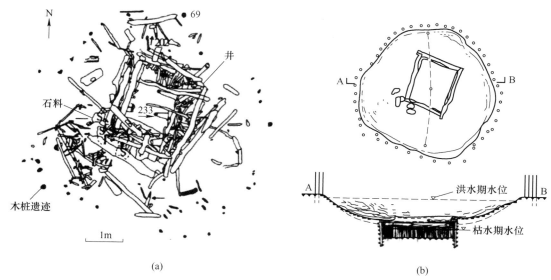

图 1-1   河姆渡木构井平面图及复原剖面图
（平面图上的黑点、圆圈以及剖面图上竖线为支撑顶盖的木柱遗痕；剖面图所示为高低井水位）
（a）平面图；（b）复原平面、剖面示意图

1.2.1.2   奠基时期

欧洲产业革命后，由于对水的需求增加，有了计算井出水量的要求。当时，正值实验科学兴起之时，室内控制性实验成为建立经典物理学的重要手段。1856 年，法国水力工程师达西（H. Darcy）通过室内控制性实验建立了达西定律，水文地质学进入定量阶段，奠定了学科基础。

早期，以打井取水为目标，注意力集中于单个井的出水量。1863 年，法国裴布依（A. Dupuit）提出稳定井流公式。随着地下水开采规模增大，人们认识到开采地下水将波及含水层相当范围。1935 年，美国人泰斯（C. V. Theis）借助热传导原理，得出了地下水非稳定井流方程。20 世纪 40~60 年代，雅可布（C. E. Jacob）及汉图什（M. S. Hantush）等人研究了松散沉积物的越流，发现原先认为是隔水层的黏性土实际上能够透水，“含水层思维”（aquifer thinking）受到冲击，含水系统的概念随之而生。

1954 年，博尔顿（N. S. Boulton）发现，开采潜水时相应的非饱和带水滞后释水，于是，非饱和带水也进入了人们的视野。

人们对地下水的起源，曾有过各种看法。从公元前 8 世纪的荷马开始，包括亚里士多德、泰勒斯（Thales）、柏拉图，甚至笛卡儿和开普勒，都曾猜想，泉水来源于海洋中挤榨出来的水，或者是在洞穴中冷凝而成的。波尔洛（M. V. Pollo）、达·芬奇（L da Vinci）、帕利西（B. Palissy）等认为，泉水来源于入渗的雨水，1902 年，奥地利的修斯（E. Suiss）提出，地下水来源于岩浆冷凝的初生水。美国的兰（A. C. Lane）、戈登（W. C. Gorden），俄国的安德鲁索夫（N. I. Andrusov），分别提出沉积水的存在来自沉积时的初始水，以及沉积后由于黏性土压密进入含水层的水。1907~1919 年，俄国的列别捷夫确定凝结水的存在。

19 世纪，油田水研究的进展，积累了大量水化学资料。1930 年，苏联的伊里茵提出苏联潜水化学分带。随之，苏联的伊格纳托维奇提出自流盆地水化学分带。20 世纪中叶，苏联的奥弗琴尼可夫在矿水研究基础上，建立了水文地质学的新分支——水文地球化学（hydrogeochemistry）。

1912 年，德国人凯尔哈克（K. Keilhack）对地下水及泉进行了分类。20 世纪 20~30 年代，美国人迈因策尔（O. E. Meinzer）在对美国地下水总结的基础上，探讨了一系列水文地质概念及术语。他在 1923 年重新明确了安全抽水量的定义，意味着原有的找水水文地质学开始向资源水文地质学转变。

1.2.1.3　成形时期

大致在 20 世纪中叶，随着资源水文地质学的形成，地下水的理论和研究方法构建了较为完备的框架，水文地质学进入了成形阶段。此时，我国的水文地质学从苏联引入，并逐渐形成自己的特色。

1.2.1.4　发展时期

第二次世界大战以后，随着生产力与科学技术的迅猛发展，以及人口爆炸式增长，人类活动以空前的规模改造自然，包括地下水在内的资源大量消耗，生态环境急剧恶化。水文地质学进入以生态环境为核心课题的阶段，面对的问题错综复杂，原有的概念、理论与方法，难以满足需求，新的理论与技术方法不断引入，水文地质学进入新的发展时期。

1963 年，加拿大籍匈牙利人、年轻的水文地质学家托特（J. Tóth）提出了地下水流系统理论：在均质的潜水盆地中，存在多级次地下水流系统。1980 年，基于盆地"水力连续性"，托特提出"重力穿层流动"，并阐述了地下水是重要而普遍的地质营力。20 世纪 80 年代，托特的革命性理论基本成形，成为水文地质学的新范式，标志着当代水文地质学阶段的来临。

早先，水文地质计算采用解析法。20 世纪 40 年代，卡明斯基（T. H. KaMeHcKu）利用有限差分讨论非稳定流，20 世纪 50~60 年代，离散介质点网络模拟成为主要计算手段。1956 年，斯图尔曼（R. W. Stallman）将数值法用于水文地质计算。数值法由于运算量大而应用受限。幸而，华尔顿（W. C. Walton）不久将电脑引入水文地质数值模拟，各种复杂条件下的水文地质问题的数学求解方法，如雨后春笋般涌现。之后，数学地质等各种数学方法引入水文地质学，促进了水文地质定量求解。

20 世纪 60 年代，同位素方法引入水文地质学，为解决地下水定年与来源等提供了重要手段。航空测量、卫星监测等遥感方法，卫星定位系统及地理信息系统，相继引入水文地质学，加强了收集和处理地下水信息的能力。

系统论、信息论、控制论等各种横断科学方法的引入，尤其是系统分析、决策支持系统的应用，为解决与水文地质学有关的复杂技术—社会问题提供了有力工具。

1.2.2　当代水文地质学发展趋势

当代水文地质学具有以下主要特征：（1）以地下水流系统理论为核心概念框架；（2）研究领域扩展；（3）研究目标转变；（4）水量与水质研究并重；（5）重视机理研究；（6）多学科交叉渗透成为主流；（7）多技术、多方法的广泛应用；（8）向工程领域延伸；（9）学科性质转变。

地下水流系统理论的出现，意味着水文地质学进入了新的阶段。地下水流系统理论，从整体角度，综合考察地下水与环境相互作用下的变化，为分析地下水各部分以及地下水与环境的相互作用提供了时空有序的理论框架。

当代水文地质学的研究领域，从以往的以地下水资源向生态环境扩展；由地球浅部向地球深部层圈延伸。下地幔储存水量远大于海洋。地球各层圈物质与能量的交换中，以地下水为主体的地质流体起着无可替代的作用。地球演化，矿产（油气和金属、非金属）成生，成岩作用，构造活动，自然地质作用，以及生态环境、地质灾害等，都有地下水的积极参与。因此，研究领域不断向地球深部层圈扩展，是当代水文地质学的重要发展方向。如同地球系统科学一样，当代水文地质学必须重新认识生物圈，尤其是微生物，对与地下水有关系统的作用。

当代水文地质学，由以往的解决局部性生产实际问题，转向长期性、全局性、可持续发展的课题。以地下水流系统理论为核心框架，构建人和自然协调、良性循环的地下水流系统、水文系统、地质环境系统、地质工程系统和生态系统，成为当代水文地质学的最终目标。

随着生态环境问题的出现，水文地质学从以水量研究为主，转变为以水量与水质研究并重。

为了构建人和自然协调的良性循环系统，以往现象归纳为主的研究，已经无法满足要求，从生成角度出发，探索目标系统的作用过程与内在机理，成为主流。

当代水文地质学，已经从传统的实用性学科，演变为兼具应用性分支与理论性分支的成熟学科，成为地球系统科学最活跃的组成部分。

1.3 水文地质学在土木工程中的应用

1.3.1 水文地质学可解决的土木工程问题

水文地质学基础主要学习地下水的赋存条件、补给、径流、排泄条件，这些条件将会影响岩土材料与土木结构，比如说破坏岩土的稳定性，导致不利于工程的建设等，严重时会引发自然地质灾害，如滑坡、泥石流；在工程建设中，如果不查明水文地质条件，在建设中或建成后有可能由于工程破坏而引发地下水条件改变，由此引发人为地质灾害，如地面塌陷等。工程建设项目中需要用到水文地质学专题主要有隧道工程，露天矿边坡工程，基坑降水工程，水利水电工程，矿山开发工程，地热资源勘察及开发工程，非常规能源勘察及开发工程等。水文地质调查在工程建设中已经成为必不可少的项目，与工民建及地质灾害评估密切相关。

1.3.2 水文地质学向工程延伸的领域

水文地质学科向工程技术领域延伸，既是必然趋势，也是学科蓬勃发展的前提。汪民等人正确地提出了水文地质学发展的工程方向——地下水环境工程。地下水环境工程，包含地下水资源合理开发利用工程、生态地质环境退化控制与改良工程、地下水污染控制工程、废物地质处置工程等。李瑞敏等人提出了"区域农业地质环境开发与农业生态地质工程"的概念，蕴涵了农业地质向工程方向发展的思路。目前，地下水污染及其控制的工作，已经打破单纯的水文地质论证模式；从实地监测研究，到室内实验、野外实验、数学模拟，直到生产性修复试验，与多个学科交叉的水文地质工作贯穿了整个过程；地下水污染研究，成为发展最为迅速的水文地质学分支，并非偶然。西南岩溶地区，利用帷幕灌浆建造地下水坝以抬高补给径流区地下水位，取得了良好成效，是地下水工程的范例。我们认为，土壤水有效利用、咸水改造、地下水库调蓄水资源等，都是水文地质学向生产领域延伸的重要方向。在实现地质与工程融合过程中，工程地质的实用工程技术发展十分迅速，例如，岩体处理的锚喷技术、帷幕灌浆，软土处理的预压加载、排水砂井、排水塑料板等。水文地质工作向工程领域的延伸，必须应用和发展相应的先进工程技术。

1.4　水文地质学基本研究方法

水文地质学研究基本方法有工程地质类比法、试验方法和数值计算方法。水文地质学作为地质学和水文学结合形成的边缘学科，随着地球系统科学时代来临，随着核心课题转移及研究视野的拓宽，多学科交叉渗透是处理复杂课题的唯一途径。解决生态环境问题时，水文地质学家必须对生物学、生态学、地球化学、微生物学、岩土力学等有所了解。

横断科学（系统论、信息论、控制论、超循环理论、耗散结构理论、混沌学、分形理论等）标志着人类新的思维模式，具有强大的生命力，水文地质学家必须熟悉与利用横断科学的成果，才能跟上时代的步伐。自然科学与人文社会科学的结合，有着难以估量的意义。

1.4.1　作为自然历史与人为作用产物的地下水

俄罗斯与苏联的学者曾多次阐述过：地下水是自然历史的产物。考虑到当前人类活动已经对地下水产生了强烈影响，也许我们可以说，地下水是自然历史与人类活动的产物。

因为地下水是在与其环境（岩石圈、大气圈、水圈、生物圈）长期相互作用下形成与演化的，所以认为地下水是自然历史的产物。我们知道，地球上的水就是几十亿年来在地球层圈分异过程中，由地球深部逸出并不断演化形成的。处于不同自然地理与地质条件下，各种影响因素都给地下水打上了一定烙印。因此，用历史发展的观点去揭示地下水与其环境之间的成因联系是非常必要的。

由于人类活动对地下水形成过程的影响从 20 世纪中叶以来变得如此之大，以至于我们已经很难在地球上找到完全处于天然状态下的地下水了。这种情况下，对地下水的历史成因分析的重要性不仅没有减少，反而更增加了。这是因为只有通过历史成因分析，把握地下水在天然状态下的演变规律与内在机制，才能够正确地评估人为影响的作用，可靠地预测在天然作用与各种人为作用复合影响下地下水的演变趋势，采取正确的调控地下水的措施，从而达到合理利用与有效防范地下水的目的。

如果我们脱离地下水的环境，割裂地下水与环境（包括人为因素）相互作用的历史，孤立静止地研究地下水，就不可能真正把握地下水的形成与分布规律，就不可能切实有效地解决各种与地下水有关的实际问题。在实际工作中，忽视对地下水及其环境的相互作用进行历史成因的分析，从而导致工作失败的事例是屡见不鲜的。

地质环境既是地下水赋存与循环的空间，又是地下水获得一定物理与化学性质的场所。因此，对一个地区地下水的研究应当从回溯该区的地质历史开始，以查明区域地质历史对地下水水量与水质形成与分布的控制作用。忽视从地质成因角度分析地下水是经常出现的一种偏向，认为水文地质工作者反正搞的是水，又不是搞地质，知道哪些地层透水，哪些地层隔水也就足够了。实际上，要想真正掌握地下水形成与分布的规律，必须花大力气先研究它的地质环境。有经验的水文地质工作者往往在研究地质上所需的工作量远比研究水来得多。当然，如果在地质分析上下了功夫，但是忘记了出发点是查明地下水形成与分布，这也是不对的。上述这两种偏向的实质，都是割裂了地下水与地质环境之间的内在联系。下面我们略举数例加以说明。

在水文地质调查中，岩层含水性的研究是一项基础性工作，相当于地质研究中标准地层剖面的建立。确定基岩含水性时，我们常常可以看到这样的做法：根据地层的岩性及裂隙、岩溶发育情况以及泉的流量与钻孔涌水量资料，确定研究区内哪些是隔水层，哪些是含水层以及含水层的富水程度（有的还要简单，只是根据井、泉资料确定隔水层、含水层及含水层富水程度），这样做就是犯了不进行地质成因分析的毛病。

对于沉积岩，为从成因上阐明岩性的垂向与水平变化规律，应当从分析沉积环境与沉积旋回着手。其次则分析不同部位不同岩性受到构造应力后的变形规律（对于可溶岩还要回溯地质历史时期的水流状况）。将上述理论分析的结果与裂隙、岩溶以及井、泉资料结合起来，从事物内在联系的高度上进行岩层含水性评价。例如，不仅只是划分隔水层与含水层，还要确定哪些是顺层透水、垂向隔水的岩层；确定哪些是一般情况下隔水或弱透水，在应力集中部位可成为良好的含水层；若干被隔水层分隔的含水层，由于某一方向上的岩性变化而构成统一含水层等。这样做就能充分利用地质成因分析得到的信息去弥补其他实际资料的不足。并且对缺乏天然与人工露头的掩埋区的岩层含水性作出有根据的推断。

对于侵入岩浆岩应当区分不同侵入期，并对各侵入期的岩浆岩进行岩相分带，分析成岩过程及后期构造变动时裂隙发育规律。

对于喷发岩，要确定其每一期喷发时处于不同部位的亚层由于冷凝条件不同而裂隙发育不同的规律。

在基岩山区与山间盆地，地质构造往往对地下水的形成与分布起着控制作用。大的断裂常常使两侧的岩性、构造、地貌产生很大差异，从而决定了地下水形成与分布的格局，成为地下水分区的天然边界。回溯构造发育史，分析研究区褶皱与断裂的形式，往往是解决基岩地区水文地质问题的关键。

对平原地区来说，第四纪地质的研究，是搞清地下水形成与分布条件的关键。如果把平原地下水调查仅仅局限于确定含水砂层的分布，那就太狭窄了。必须研究第四纪沉积物的年代及成因类型，对平原沉积物的岩性结构建立正确的概念。同样是砂层，冲积成因与湖积成因的不仅几何形态不同，并且其中地下水的形成条件也不相同。在厚度大、延展远的湖积砂层中，地下水的补给、循环条件，往往要比厚度较小的冲积砂层差得多，因而资源条件也不一样。

在解决平原地下水的问题时，也应对山前以至邻接的山区进行必要的研究。山前地区第四纪沉积出露于地表，便于研究不同时代与成因类型沉积物的特征及其间的关系。平原第四纪地质研究，正是通过山前观察到的现象，与平原内部钻孔所取得的资料进行分析对比，才得以完成的。平原沉积物来源于山区的剥蚀，因此，需要分析山区现代及古代水文网的演化历史以及物质来源。观察山区与平原的接触关系，对于分析平原地下水的补给，也是必不可少的。

平原深部基底构造以及新构造运动特征，是控制平原第四纪沉积规律的重要根据，水文地质人员还必须进行这方面的研究。

地貌乃是一个地区内外力综合作用的产物。在山区，它反映了岩性、地质构造与地形的成因联系；平原中，则在某种程度上反映岩性结构与地形的成因联系。很自然，地貌对地下水的补给，径流与排泄，以至水量水质的变化，都有相当大的控制作用。例如，强烈隆起、水文网深切的水平地层组成的山区，不利于地下水的集聚，循环迅速，水的矿化度往往很低。又如，干旱半干旱地区的冲积平原中下游，地形上略微隆起的古河道常是淡的浅层地下水富集的地带，而相对低洼的河间地带，则浅层地下水比较贫乏，水土都发生强烈盐化。仔细地研究地形图、航空照片、卫星相片，常能帮助我们了解一个地区地下水的概貌，指导我们组织地下水调查，收事半功倍之效。

水圈作为一个整体。地表水体、地下水体乃至大气圈中的水，处于不断循环相互转化之中，构成统一的水资源。因此，无论从理论还是实用的角度，都必须将地下水与整个水圈联系起来研究。水文地质学只是着重于研究与岩石圈有密切联系的那部分水而已。

可以持续利用的水资源是不断更新再生的那部分水量。大气水更新极其迅速（平均更新一次仅需 8 天）。大气降水乃是一个地区水资源的总来源。因此，在绝大多数情况下，总体说来，大气降水决定着一个地区水资源的总体状况，决定着一个地区水的总体供需关系。大气降水的时空分布特征，一方面决定着一个地区的需水规律，另一方面也决定着地下水补给与排泄，动态与均衡。蒸发是地下水的排泄去路之一。在气候干旱、地势低平的平原与盆地，蒸发常常是地下水的主要消耗去路，并使地下水与土壤不断积累盐分。水文地质工作者往往需要掌握长周期的气候演变趋势，借以预测长时期内的地下水动态变化，使兴利除害的实际措施经得起时间的考验，当已有的气象资料不能满足要求时，就需要求助于史籍与考古材料。当今，人类面临一些重要而紧迫的与大气圈有关的全球变化问题，如由大气中 CO_2 含量的增长引起的温室效应、酸雨的产生等。大气圈的这些变化最终将影响地下水，引起地下水不可逆转的变化。

地表水与地下水经常互相转换，地表水体常常是地下水的补给来源或排泄去路，地表水同时还是一种可与地下水相比较的或相互补充的供水水源。从湿润地区远距离调运地表水到干旱缺水地区，往往会打破原有的水均衡而使接受水源地区的水文地质条件发生根本变化。上述情况下，都需要我们把地表水与地下水作为一个水资源整体加以评价研究，进行管理与调度。对地表水的研究可以帮助我们间接地了解地下水的水量与水质。旱季河流的基流量实际上就是地下径流量。当地表水补给地下水时，将对后者的水质发生影响。地表水构成地下水排泄去路时，通过旱季的地表水水质可以了解地下水水质。水文地质工作者应当对水文科学有整体的了解，现存的将地下水与地表水割裂开来研究的倾向如果不加纠正，将对水资源评价与管理带来不可避免的失误。随着人口增长与工农业的发展，人类对水资源的需求与日俱增，水资源的短缺也愈来愈成为紧迫的问题。粗放地利用水资源的时代正在过去，人们必须充分发挥水资源的全部潜力，以支撑人类社会持续的生存与发展。因此，必须尽可能系统地、定量地把一个地区水资源的组成及其转化过程弄清楚：大气降水有若干份额转化为地表水，若干份额转化为地下水；地下水中又有若干是以土壤水的形式存在；各部分的水如何相互转化，又是通过什么途径消耗的；哪些是无效的消耗，如何使其转为有效。将水资源、依靠水资源支撑的产业以及由于水资源利用而派生的环境损害作为一个整体进行深入的系统分析，对于充分发挥水资源潜力，优化而永续地利用水资源是非常必要的。

生物圈中所包含的水只占全球总水量的 0.0001%，虽然很少，但是在很多情况下，天然植被，尤其是农作物的蒸腾往往是一个地区水分消散的主要去路。农业是用水大户。近年来，我国总用水量为 $5.6 \times 10^{11} \, \mathrm{m^3/a}$，农业灌溉年耗水量高达 $4.5 \times 10^3 \, \mathrm{m^3/a}$，占 80%。农作物所能利用的只能是土壤水，或者是以灌溉形式将其他水源转化而成的人工土壤水。然而，关于蒸发与植物蒸腾消耗土壤水的研究在水文地质方面还非常薄弱。应当通过与农业、土壤学、大气科学的结合，进行这方面的跨学科研究，以促进农作物对土壤水的有效利用。

喜水植物与耐盐植物的分布常常能够指示地下水的埋藏深度与浅层地下水的水质，它们间接而方便地为我们提供地下水的信息。

随着人类社会的发展，对包括地下水在内的水资源提出了更多更高的需求，人类活动对地下水形成过程的干预，严重地威胁着地下水资源的数量与质量，并使作为生态环境重要因素与力学平衡系统重要因素的地下水失去原有平衡，酿成一系列生态环境退化。今天，人们不仅必须在采取直接影响地下水的行动之前三思而后行，以免引起生态环境损害。同时，人们也必须提醒自己，一些看来与地下水毫不相干的行动最终将影响地下水及有关环境。有些事例是颇具戏剧性的。例如，燃烧化石燃料引起的温室效应，最终可能造成海水入侵滨海地带的淡地下水；酸雨则使地下水中富含硫酸根并加速溶解其他盐类；澳大利亚砍伐树林的结果，潜水位上升，原来经由叶面蒸腾的水量改由土面蒸发，造成大面积次生盐渍化。这种情况迫使水文地质学家必须做一些本不打算做的事。他们必须具有远较过去广阔的视野，勇敢地步入原先不熟悉的学科领域。他们还应更为精细入微地认识水文地质过程的内在机理，因为这是预测人类活动影响并采取合理措施防范地下水资源的损害与有关的环境损害的基础。

1.4.2 水文地质学研究的若干方法问题

一个完整的水文地质研究过程包括以下步骤：首先是收集与提取信息；然后将信息加工组织成一个反映所研究系统本质的概念模型（定性的水文地质研究到此便完成了）；在此基础上建立物理模型或（及）数学模型；其次，利用数学模型（有时也用物理模型）进行仿真模拟；经过检验后的数学模型（或物理模型）可用来模拟系统未来的行为（预测），或者求解采取不同人为措施时系统的响应（决策模拟）。

我国多年来的水文地质工作实践反复证明在此过程中，如果不能正确地处理水文地质研究中概念、定性分析与定量模拟的关系，工作就一定会出现失误。

20 世纪 70 年代前期，我国水文地质界对于河北黑龙港地区深层孔隙承压水资源是否丰富，曾经有所争论。一部分人认为，深层孔隙承压水含水层厚度大，颗粒粗，水头高，单井出水量大，资源相当丰富。实际上，经过几年开采，深层孔隙承压水形成了一系列范围广大，水位深降的地下水降位漏斗，说明深层孔隙承压水的资源相当贫乏。"深层孔隙承压水资源丰富"这一定性分析结论之所以错误，是由于概念上混淆了岩层导水性与地下水资源这两个不同的概念，不自觉地把这两者等同起来了。由于 20 世纪 70 年代初期我国水文地质还没有普遍接受越流的概念，因此，开始时所建立的黑龙港深层孔隙承压水均衡方程式中并没有包括越流项。人们当时设想，深层承压水的补给主要来自山前的侧向补给。然而，模拟得到的水位下降过程与观测资料很接近，模拟停采时的水位恢复却不成功，模拟水位低于实测水位一大截。经过反复考虑，计算者增加了一个越流项，拟合才比较理想了。

后来，人们又认识到，除黏性土越流外，还存在黏性土压密释水。不少情况下，压密释水量不比越流量小。在均衡方程式中加入一个黏性土释水项后，拟合就更为逼真了。由以上讨论不难得出结论：概念每前进一步，便可以构建一个更为接近实际的定性约束框架；在改进了的定性约束下进行定量模拟，拟合结果才可能更为逼真。而概念上的失误则将给定量模拟设置一个作茧自缚的错误的约束框架。从以上事例也可得出：概念、定性分析与定量模拟是互为条件的；通过定量拟合发现矛盾，可以改进定性分析，乃至促进概念的更新。

电子计算机效能的不断提高与数值法的引入，使水文地质过程的数值模拟得到了很大的发展，促进了水文地质学的定量研究。然而，与物理模拟及解析法相比较，数值法在物理概念上与所描述的实体的距离拉大了。于是便出现了一种忽视物理含义，完全依靠数学试错、进行数学拟合的错误倾向。不少情况下，水文地质过程的机制尚未明了，正确的概念模型尚未建立，便超前地完成了定量模拟。

只有在物理概念定性分析基础之上建立的定量关系才是有意义的。数据系列上的"拟合"不一定说明数学模型对于所描述实体的物理"逼真性"。这可以用一个简单的例子加以说明。同一地区分别打在不同含水层中的两组深浅不同的灌溉水井，如果根据它们的水位变动显示极好的"相关性"而得出两个含水层具有密切水力联系的结论，那是不适当的。因为即使两个含水层毫无联系时，也会由于降雨控制着农作物需水状况而同步地控制两组井的开采动态。

无论计算方法与手段多么先进，计算结果的可靠性最终仍然取决于进行计算的人，取决于计算者对研究区水文地质条件的正确理解，取决于他是否具有正确的概念。因此，基础地质水文地质研究，水文地质概念与定性分析，并不因为计算方法与手段的改进而失去其重要性。相反的，现在这种重要性更需要进一步强调。

水文地质学基础这门课程主要阐述水文地质学的基本概念与原理，为学习者提供正确运用概念与原理进行定性分析的方法。几乎所有的学生都反映此课程易于理解而不容易深入掌握并灵活运用。这与水文地质学学科的特点有关。水文地质学是一门边缘交叉学科。地下水是在诸多环境因素长期相互作用的产物。解决任何与地下水有关的问题时，必须同时考察多种因素的综合影响。不能将各种影响因素割裂开来分别考察其对地下水的影响，还必须分析诸因素之间的相互关系与相互作用，考察它们是如何作为一个整体与地下水相互作用的。

许多情况下，我们不能仅仅分析相互作用的现状，还要回溯环境与地下水相互作用的历史。地下水与环境的相互作用是随时间动态变化的，因此，我们对一个地区地下水的认识不能一经形成就一劳永逸。总而言之，为了把握地下水的形成与分布规律，我们必须用综合的、系统的、历史的、动态的眼光去分析地下水与环境的相互作用。

目前人们通常把一个地区的地下补给资源看作是一个定值。实际上，计算得到的地下水补给资源量只能是特定条件下的一个特定值。影响地下水均衡的各因素中任一因素的变化，都将使地下水补给资源发生变化。例如，对于农业区，种植的农作物改变，农作物复种指数变化，甚至农作物产量变化，都会使包气带土壤水的蒸腾消耗量改变，从而影响地下水补给资源量。对于城市区，建筑物、道路的修筑，绿化程度等也会影响地下水补给资源量。

就我国几十年来水文地质工作实践看，存在着一种片面强调经验事实而不重视理论思辨的有害倾向。与这一倾向相联系，20 世纪 50 年代华北平原蓄水灌溉引起大面积次生盐渍化；20 世纪 70 年代前期过高评价华北平原深层孔隙承压水资源；我国水文地质界相当长一个时期里未能接受越流与黏性土释水理论。认为只有在经验事实基础上归纳得出的认识才是真实可靠的，而理性思辨得出的东西是不实在，这是一种误解。感觉经验固然是客观世界的反映，但它只是零星的、片面的与表面的反映。停留于感觉经验不用理性加以整理鉴别，下一番去粗取精、去伪存真的功夫，就不可能通过现象为媒介去把握客观存在的本质。光凭现象而不用思维，是无法认识我们周围的大千世界的。

从科学方法论的演进来看，物理学等发达学科发展初期主要应用归纳法、演绎法以及两者的结合。随着学科发展，假设—演绎法便成为极有生命力的创造性方法。现代物理学中爱因斯坦创建相对论，地质学中从大陆漂移说到板块构造学说，用的都是假设-演绎法。应用假设-演绎法时，研究者可以根据少量经验事实，根据理论的逻辑矛盾，或者根据直觉，提出一种先行的假设，根据假设推演出应有的现象，然后再去观察这些现象是否存在。值得注意的是，托特提出地下水流动系统理论时所用的也是假设-演绎法。托特理论的基石是"区域水力连续性"。但是，正如托特自己所说："由于归纳推理或局部观察根本无法证明区域水力连续性的存在"，所以采用了对工作假设进行野外验证的方法。这就是说，托特不是根据观察的结果顺理成章地得出区域水力连续性结论的；相反的，他先提出了区域水力连续性这一工作假设，然后在此假设指引下推论野外应有的种种现象，然后再到实地与参考文献中去寻找有关证据的。在水文地质研究中有意识地运用假设-演绎法将会极大地促进水文地质学的发展。

1.4.3 水文地质学的发展趋势

水文地质学的研究对象也随着学科发展而变化。考虑到供水意义，水文地质学起初研究的乃是饱水带岩石空隙中的重力水（狭义地下水）。后来，人们逐渐认识到，包气带水与饱水带水密不可分，于是水文地质学的研究对象扩展到所有赋存于岩石空隙中的水（广义地下水）。然而，水文地质学实际上所研究的不仅仅是赋存于介质中的地下水，同时还研究赋存地下水的介质（如含水层储能，地下核废料贮存）。现有的水文地质学定义已经难以概括其研究对象了。

早在 1947 年，苏联学者萨瓦连斯基就提出将水圈区分为地表水圈与地下水圈（subsurface hydrosphere）两者。到了 20 世纪 70 年代，苏联学者提出水文地质学是研究地下水圈的科学。他们认为地下水圈是地表以下包含地球内部所有水分子的物质系统。它的范围包括地壳与地幔，它所包含的水除了液态重力水，还包括气态水、固态水、矿物表面结合水，矿物结合水以及以氧离子和氢离子形式存在的"水"。地下水圈的概念将地面以下以各种形态分布于不同层圈中的水看作是一个相互联系、相互转化的整体，认为不能脱离地球深部层圈的水去孤立地研究"地下水"。就发展趋向而言，把地下水圈作为水文地质学的研究对象是正确的，但从目前实际情况看，水文地质学重点研究的仍是地壳浅部的地下水及其赋存介质。

水文地质学家观察问题的视野在不断扩展着。最初，他们的任务是寻找作为供水水源的地下水，因此人们只关心井周围含水层的局部地段——"影响半径"，泰斯公式的出现，标志着人们已经把整个含水层作为所研究的系统子。越流概念的提出，使人们认识到，含水层与其相邻的弱透水层共同构成的含水系统是一个整体。托特提出地下水流动系统以后，人们最终摆脱了地质边界的约束，把穿越层界的地下水流动系统作为研究对象。英格伦等提出了水文系统的概念，把一个地区的地下水与地表水综合在同一系统之中。

苏联学者提出地下水圈的概念，使水文地质学家的视野扩展到地球各层圈的水。另外，开始时人们只看到地下水作为资源给人类带来的利益，人类活动大规模干预地下水天然形成过程以后，引起了一系列严重的生态环境问题，人们才开始醒悟，地下水乃是生态环境系统的一个十分敏感与活跃的子系统，地下水的研究必须与相关的生态环境相联系。

开发地下水导致不同利益的冲突进而与人的价值判断联系在一起。水文地质学家曾经试图用地下水管理模型去获得最优解，但并不成功。道理很简单，水文地质学家所面对的不再是纯粹的科学技术问题而是技术—社会问题。由于涉及不同利益的冲突与权衡，它不再是硬问题，而成了软问题，不可能求得唯一的最优解，而只能提出各种利益侧重点不同的若干满意解，作为决策的根据。这种情况下，水文地质学家面对的已是一个相当复杂的系统，传统的方法分析与解决问题已无能为力，水文地质学家必须将系统思想与方法引入以处理水文地质课题。由于所面对的复杂系统需要处理的信息量很大，因此，能有效地处理大量空间信息的软件系统-地理信息系统正在成为水文地质研究的一个手段。目前一个值得注意的动向是，发展各种以地理信息系统为载体，以地下水模拟技术为基础的决策支持系统，以实现专家与决策者的对话，改进决策工作。这意味着系统工程方法向水文地质学全面渗透阶段的到来。

水文地质学作为一个学科在不断演变。传统的应用性学科分支的水文地质学无疑仍将发展，同时，一些理论性学科分支也将涌现。这些理论性水文地质学分支的主要研究对象是作为地质营力与信息载体的地下水，探讨地下水的地质作用、在地球演化、地球各层圈相互作用、地壳变形以及地震过程中水的作用。

本身就是边缘交叉学科的水文地质学，在未来的岁月里将加强与其他学科的交叉渗透，我们可能再也看不到"纯粹的"水文地质学了。水文地质学与环境科学的结合可能是最有生命力的一个方向。

水文地质学在其发展过程中曾经将水力学、传热学、电学的概念与方法引入以丰富自己。在今后，水文地质学将引进消化控制论、信息论、系统论、耗散结构理论、协同论、突变论以及混沌理论等新兴横断学科。在技术科学方面，水文地质学需要继续应用数学地质方法、同位素方法、遥感技术以及以计算机为工具的信息处理技术。

为了更好地预测在人类活动参与下水文地质过程的演变，要求对下列问题加强研究：不同条件下的降水入渗，土壤水水盐运移，包气带与饱水带水的蒸发，地下水位变化引起的介质场水文地质参数的变化与地下水水质变化，溶质弥散，含水层与包气带对污染物质的净化作用，含水层储能及其应用，地下贮存高危险性废料（包括核废料），裂隙与岩溶地下水的赋存与运移特征。

水文地质学的发展是在理论研究、实验研究（包括野外试验与室内试验）与技术方法的应用三者结合下发展起来的。需要指出的是，几十年来水文地质室内试验没有得到应有的发展，而人为控制条件的室内试验对于水文地质发展是十分重要的。毕竟，作为水文地质学的重要基础——达西定律就来源于实验。

思 考 题

1-1　地下水的功能有哪些？

1-2　如何理解地下水的概念？

1-3　水文地质学的研究方法有哪些？

1-4　简述水文地质学发展历史。

1-5　身边的水文地质学问题有哪些？

2 地下水赋存规律

2.1 地球上的水及其循环

2.1.1 自然界中水文循环

水文循环（hydrologic cycle）是大气水、地表水和地壳浅表地下水之间的水分交换。

太阳辐射和重力是水文循环的一对驱动力。太阳辐射使液态水转换为气态，上升进入大气圈并随气流运移。在一定条件下，气态水凝结，在重力作用下落到地面，渗入地下，以地表径流（surface run-off）和地下径流（underground run-off）方式运移。

地表水及地下水，通过蒸发和植物蒸腾转换为气态水，进入大气。进入大气的水汽，随气团运移，在一定条件下形成降水。落到陆地的降水，部分渗入地下，部分在地表汇集为江河湖沼。渗入地下的水，部分滞留于包气带，部分转入饱水带。江河湖沼中的水及地下水，相互转换，其中部分转换为生物体中的水。最终，以腾发（蒸发及蒸腾）形式转入大气，或者以径流形式汇入海洋。落到海洋的降水，通过蒸发转换返回大气（见图 2-1）。

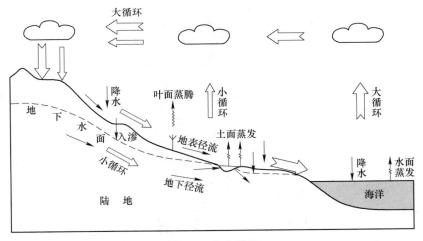

图 2-1　水文循环

参与水文循环的各种水，交替更新速度差别很大。大气水的循环再生周期仅 8 天，每年平均更换约 45 次。河水循环再生周期平均为 16 天，每年更新约 23 次。湖水循环再生周期平均为 17 天。海洋水循环再生周期为 2500 年。地下水的循环再生周期大于河湖水：土壤水为 1 年到数年；交替迅速的浅部地下水为数年，交替缓慢的深部地下水，从数百年到数万年不等。

水文循环对于保障生态环境以及人类生存与发展至关重要。一方面，通过不断转换，水质得以持续净化。另一方面，通过不断循环再生，水量得到持续补充。

作为持续性供水水源，需要考虑的不是储存水量（见表2-1），而是可循环再生的淡水量。

表 2-1　地球浅部水的分布

水体	水量/km³	占总水量/%	占淡水/%	分类占比/%
大气水	12900	0.001	0.04	
海洋	1338000000	96.5	—	
冰盖、冰川等	24064000	1.74	68.7	
湖泊	176400	0.013	—	
淡水	（91000）	（0.007）	0.26	地表水：69
咸水	（85400）	（0.006）	—	
河流	2120	0.0002	0.006	
湿地	11470	0.0008	0.03	
地下水（饱水带）	23400000	1.7	—	
淡水	（10530000）	（0.76）	30.1	
咸水	（12870000）	（0.94）	—	地下水：30.96
土壤水	16500	0.001	0.05	
地下冰与多年冻土	300000	0.022	0.86	
生物体中的水	1120	0.0001	0.003	
总计	1386000000	100		

注：带括号的数据为不计入总计的水量及水量占比。

海陆之间的水分交换称为大循环，海陆内部的水分交换称为小循环。增加陆地小循环的频率，以改善干旱地区的气候，是正在探索中的课题。

2.1.2　自然界中地质循环

发生于大气圈到地幔之间的水分交换称为水的地质循环（见图2-2）。

火山喷发及洋脊热液"烟囱"将水从地幔带到大气和海洋（见图2-2中1），地壳浅表的水通过板块俯冲带进入地幔（见图2-2中2），是最直观的水分地质循环。来自地幔的水称为初生水，据估计，每年溢出的初生水量约为$2×10^8$ t。

另一种水分地质循环发生在成岩、变质和风化作用过程中。矿物中的水脱出，转化为自由水（见图2-2中3），称为再生水；自由水可转化为矿物结晶水或结构水。沉积成岩时，也将排出水（见图2-2中4），或埋存在沉积物中（见图2-2中5），后者称为埋藏水。

查明水的地质循环，有助于分析地壳浅表和深部各种地质作用，对于寻找矿产资源、预测大尺度环境变化和深部地质灾害等，均有重大意义。

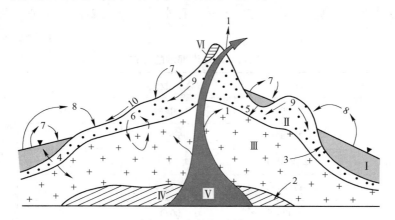

图 2-2　水的地质循环

Ⅰ—海洋水；Ⅱ—沉积盖层；Ⅲ—地壳结晶岩；Ⅳ—地段；Ⅴ—岩浆源；Ⅵ—大陆冰盖
1—来自地幔的初生水；2—返回地段的水；3—岩体重结晶脱出水（再生水）；4—沉积成岩排出的水；
5—封存于沉积物中的埋藏水；6—热重力和化学对流造成的地壳内循环；7—海陆内部的蒸发和降水（小循环）；
8—海陆之间的蒸发和降水（大循环）；9—地下径流；10—地表径流

2.2　岩土中赋存的水分

2.2.1　岩石中的空隙

空隙是指岩石中没有被固体颗粒占据的空间。通常将空隙分为松散岩石中的孔隙、坚硬岩石中的裂隙和可溶岩石中的溶穴（溶隙），因此空隙是岩石中孔隙、溶隙（洞）和裂隙的总称，是地下水的储存场所和运移通道，即地下水得以储存和运动的空间所在。

2.2.1.1　孔隙

孔隙是指组成松散岩石的物质颗粒或其集合体之间的空间。岩石孔隙的多少是影响储容地下水能力大小的重要因素。孔隙体积的多少可以用孔隙度来表示。孔隙度是指某一体积岩石（包括孔隙在内）中孔隙体积所占的比例。如果用 n 来表示岩石的孔隙度，用 V_n 表示岩石孔隙的体积，用 V 表示包括孔隙在内的岩石的体积，则

$$n = \frac{V_n}{V} \qquad 或 \qquad n = \frac{V_n}{V} \times 100\% \tag{2-1}$$

孔隙度是一个比值，可用小数或百分数表示。孔隙度 n 的大小主要取决于颗粒的分选程度和颗粒排列情况，此外颗粒形状、胶结充填情况也影响孔隙度。对于黏性土，结构及次生裂隙常是影响孔隙度的重要因素。当颗粒为等粒圆球，排列呈立方体时孔隙度最大，为 47.64%；四面体排列时孔隙度最小，为 25.95%；其余排列方式时，孔隙度一般介于两者之间。

自然界中并不存在完全等粒的松散岩石，分选程度愈差，颗粒大小愈悬殊，孔隙度便愈小，当细小颗粒充填于粗大颗粒之间的空隙中，自然会大大降低孔隙度。同样，如果岩

石颗粒间被胶结充填,充填物多时孔隙度相对偏小。自然界中的岩石颗粒外形多为不规则的,组成岩石的颗粒形状愈不规则,棱角愈明显,通常排列愈松散,孔隙度愈大。

黏性土的孔隙度往往可以超过上述理论上的最大值。这是因为黏土颗粒表面常带有电荷,在沉积过程中黏粒聚合,构成颗粒集合体,可形成直径比颗粒还大的结构孔隙。此外黏性土中发育有虫孔、根孔等次生裂隙,均使孔隙度增大。对地下水运动影响最大的不是孔隙度的大小,而是孔隙的大小,尤其是孔隙通道中最细小的部分。孔隙通道中最细小的部分称为孔喉,孔隙中最宽大的部分称为孔腹。孔喉的大小对水流动的影响更大。孔隙大小取决于颗粒大小及分选性,颗粒大而均匀,孔隙就大;颗粒大小不均时,小颗粒充填大颗粒形成的孔隙,孔隙就小;颗粒排列方式对孔隙大小的影响也较大,以等粒颗粒为例,设颗粒直径为 D,四面体排列时孔喉直径 $d=0.155D$,立方体排列时 $d=0.414D$,颗粒形状对孔隙的大小也有一定的影响,带棱角的颗粒易架空,从而形成较大的孔隙。对于黏性土,决定孔隙大小的不仅是颗粒的大小及排列,结构孔隙及次生孔隙的影响也是不可忽视的。

2.2.1.2 裂隙

裂隙是指固结的坚硬岩石(沉积岩、岩浆岩和变质岩)在各种应力作用下岩石破裂变形而产生的空隙。裂隙分为成岩裂隙、构造裂隙和风化裂隙。裂隙的多少以裂隙率表示。

成岩裂隙是指岩石在成岩过程中由于冷凝收缩(岩浆岩)或固结干缩(沉积岩)而产生的裂隙,以玄武岩柱状节理最有水文地质意义。构造裂隙是指岩石在构造变动中受力而产生的裂隙,具有方向性、大小悬殊、分布不均匀的特点,也是最具供水意义的裂隙类型。风化裂隙是指岩石在风化营力作用下发生破坏而产生的裂隙,主要分布于地表附近,亦具有供水意义。

裂隙率(K_r)是岩石中裂隙体积(V_r)与包含裂隙体积在内的岩石体积(V)的比值,即

$$K_r = \frac{V_r}{V} \qquad \text{或} \qquad K_r = \frac{V_r}{V} \times 100\% \qquad (2-2)$$

K_r 为体积裂隙率,也可用面积裂隙率和线裂隙率表示。一定面积或长度的裂隙岩层中裂隙面积或长度与所测岩层总面积或长度之比,分别称为面裂隙率和线裂隙率。

2.2.1.3 溶穴

溶穴,又称溶隙、溶洞,是指可溶的沉积岩(如盐岩、石膏、石灰岩、白云岩等)在地下水溶蚀作用下所产生的空隙(空洞)。溶穴的体积(V_k)与包含溶穴在内的岩石体积(V)的比值即为岩溶率(K_k),即

$$K_k = \frac{V_k}{V} \qquad \text{或} \qquad K_k = \frac{V_k}{V} \times 100\% \qquad (2-3)$$

2.2.1.4 空隙网络

自然界的岩石空隙的发育远比上面所说的复杂,松散岩石固然以孔隙为主,但某些黏性土干缩固结也可产生裂隙,固结程度不高的沉积岩往往既有孔隙又有裂隙,可溶性岩石由于溶蚀不均一,有的部分发育有溶穴,而有的部分发育有裂隙,甚至保留原生的孔隙和

裂隙。因此，在研究岩石空隙的过程中，必须注意观察，收集实际资料，在事实的基础上分析空隙形成的原因及其控制因素，查明发育规律。

岩石中的空隙必须以一定的方式连接起来构成空隙网络，才能成为地下水有效的储容空间和运移通道，松散岩石、坚硬岩石和可溶性岩石的空隙网络具有不同的特点。

岩石中各种空隙的分布特征如图 2-3 所示。

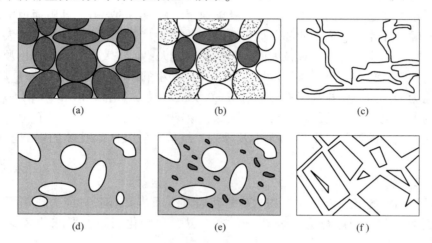

图 2-3　岩石中各种空隙的分布特征

（a）分选性好；（b）颗粒；（c）溶穴；（d）分选性差；（e）渗透性随着成岩作用降低；（f）裂隙

2.2.2　岩石中水的存在形式

地壳岩石中存在各种形式的水如图 2-4 所示。

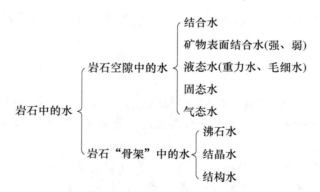

图 2-4　地壳岩石中存在的各种形式的水

2.2.2.1　结合水

结合水是指受固相表面的引力大于水分子自身重力的那部分水，即被岩土颗粒的分子引力和静电引力吸附在颗粒表面的水。

最接近固相表面的结合水称为强结合水，为紧附于岩土颗粒表面结合最牢固的一层水，其所受吸引力相当于一万个大气压。其含量，在黏性土中为 48%，在砂土中为 0.5%，其特点为：强结合水厚达上百个水分子直径，吸引力大，密度大（2g/L），冰点低（−78℃），呈固态，无溶解能力，不能运动。结合水的外层由于分子力而黏附在岩土颗粒上的水称为弱结合水，又称薄膜水。其含量，在黏性土中为48%，在砂土中为0.2%。其特点为：厚度较大，处于固态与液态之间，吸引力小，密度较大，有溶解能力，有一定运动能力，在饱水带中能传递静水压力，静水压力大于结合水的抗剪强度时能够运移，其外层可被植被吸收，有抗剪强度。

2.2.2.2 重力水

重力水是指距离固体表面更远、重力对其影响大于固体表面对其吸引力、能在重力影响下自由运动的那部分水。井、泉所采取的均为重力水，为水文地质学和地下水水文学的主要研究对象。

2.2.2.3 毛细水

毛细水是由于毛细管力作用而保存于包气带内岩层空隙中的地下水，可分为支持毛细水、悬挂毛细水和孔角（触点）毛细水。由松散岩石中细小的孔隙通道构成细小毛细管。

支持毛细水是在地下水面以上由毛细力作用所形成的毛细带中的水。

细粒层次与粗粒层次交互成层时，在一定的条件下，由于上下弯液面毛细力的作用，在细土层中会保留与地下水面不连接的毛细水，这种毛细水称为悬挂毛细水。

在包气带中颗粒接触点上还可以悬留孔角毛细水，即使是粗大的卵砾石，颗粒接触处孔隙大小也总可以达到毛细管的程度而形成弯液面，使降水滞留在孔角上。

2.2.2.4 气态水、固态水

岩石空隙中的这部分水含量很小。其中气态水存在于包气带中，可以随空气流动。另外，即使空气不流动，它也能从水汽压力大的地方向水汽压力小的地方移动。气态水在一定温度、压力下可与液态水相互转化，两者之间保持动平衡。

岩石的温度低于0℃时，空隙中的液态水转为固态。我国北方冬季常形成冻土，东北及青藏高原冻土地区有部分岩石中赋存的地下水多年保持固态。

2.2.2.5 矿物中的水

除了岩石空隙中的水，还有存在于矿物结晶内部及其间的水，即沸石水、结构水和结晶水。结构水（化合水）又称为化学结合水，是以 H^+ 和 OH^- 离子的形式存在于矿物结晶格架某一位置上的水。结晶水是矿物结晶构造中的水，以 H_2O 分子形式存在于矿物结晶格架固定位置上的水。方沸石（$Na_2Al_2Si_4O_{12} \cdot nH_2O$）中就含有沸石水，这种水加热时可以从矿物中分离出去。

2.2.3 与水的储容及运移有关的岩石性质

岩石空隙大小、多少、连通程度及其分布的均匀程度，都对其储容、滞留、释出以及透过水的能力有影响。

2.2.3.1 容水度

容水度是指岩石完全饱水时所能容纳的最大的水体积与岩石总体积的比值。可用小数或百分数表示。一般说来容水度在数值上与孔隙度（裂隙率、岩溶率）相当。但是对于具有膨胀性的黏土，充水后体积扩大，容水度可大于孔隙度。

2.2.3.2　含水量

含水量说明松散岩石实际保留水分的状况。

松散岩石孔隙中所含水的重量（G_w）与干燥岩石重量（G_s）的比值，称为重量含水量（W_g），即

$$W_g = \frac{G_w}{G_s} \times 100\% \tag{2-4}$$

含水的体积（V_w）与包括孔隙在内的岩石体积（V）的比值，称为体积含水量（W_v），即

$$W_v = \frac{V_w}{V} \times 100\% \tag{2-5}$$

当水的密度为 $1\mathrm{g/cm^3}$，岩石的干容重（单位体积干土的质量）为 γ_α 时，质量含水量与体积含水量的关系为：

$$W_v = W_g \gamma_\alpha \tag{2-6}$$

孔隙充分饱水时的含水量称作饱和含水量（W_s），饱和含水量与实际含水量之间的差值称为饱和差。实际含水量与饱和含水量之比称为饱和度。

2.2.3.3　给水度

若使地下水面下降，则下降范围内饱水岩石及相应的支持毛细水带中的水，将因重力作用而下移并部分从原先赋存的空隙中释出。我们把地下水位下降一个单位深度，从地下水位延伸到地表面的单位水平面积岩石柱体，在重力作用下释出的水的体积，称为给水度（μ）。给水度以小数或百分数表示。例如，地下水位下降 2m，$1\mathrm{m^2}$ 水平面积岩石柱体，在重力作用下释出的水的体积为 $0.2\mathrm{m^3}$（相当于水柱高度 0.2m），则给水度为 0.1 或 10%。

对于均质的松散岩石，给水度的大小与岩性、初始地下水位埋藏深度以及地下水位下降速率等因素有关。

岩性对给水度的影响主要表现为空隙的大小与多少，颗粒粗大的松散岩石，裂隙比较宽大的坚硬岩石，以及具有溶穴的可溶岩，空隙宽大，重力释水时，滞留于岩石空隙中的结合水与孔角毛细水较少，理想条件下给水度的值接近孔隙度、裂隙率与岩溶率。若空隙细小（如黏性土），重力释水时大部分水以结合水与悬挂毛细水形式滞留于空隙中，给水度往往很小。

当初始地下水位埋藏深度小于最大毛细上升高度时，地下水位下降后，重力水的一部分将转化为支持毛细水而保留于地下水面之上，从而使给水度偏小。观测与实验表明：当地下水位下降速率大时，给水度偏小，此点对于细粒松散岩石尤为明显。可能的原因是，重力释水并非瞬时完成，而往往滞后于水位下降；此外，迅速释水时大小孔道释水不同步，大的孔道优先释水，在小孔道中形成悬挂毛细水而不能释出。

对于均质的颗粒较细小的松散岩石，只有当其初始水位埋藏深度足够大、水位下降速率十分缓慢时，释水才比较充分，给水度才能达到其理论最大值。均质松散岩石的给水度值可参见表 2-2。

粗细颗粒层次相间分布的层状松散岩石，地下水位下降时，细粒夹层中的水会以悬挂毛细水形式滞留而不释出，这种情况下，给水度就更偏小了。

表 2-2 常见松散岩石的给水度

岩石名称	给水度/%		
	最大	最小	平均
黏土	5	0	2
亚黏土	12	3	7
粉砂	19	3	18
细砂	28	10	21
中砂	32	15	26
粗砂	35	20	27
砾砂	35	20	25
细砾	35	21	25
中砾	26	13	23
粗砾	26	12	21

2.2.3.4 持水度

如前所述，地下水位下降时，一部分水由于毛细力（以及分子力）的作用而仍旧反抗重力保持于空隙中。地下水位下降一个单位深度，单位水平面积岩石柱体中反抗重力而保持于岩石空隙中的水量，称作持水度（S_r）。

给水度、持水度与孔隙度的关系是：

$$\mu + S_r = n \tag{2-7}$$

显然，所有影响给水度的因素也就是影响持水度的因素，包气带充分重力释水而又未受到蒸发、蒸腾消耗时的含水量称作残留含水量（W_0），数值上相当于最大的持水度。

2.2.3.5 透水性

岩石的透水性是指岩石允许水透过的能力。表征岩石透水性的定量指标是渗透系数。关于渗透系数将在第 4 章专门讨论。在此仅讨论影响岩石透水性的因素。

我们以松散岩石为例，分析一个理想孔隙通道中水的运动情况。图 2-5 表示圆管状孔隙通道的纵断面，孔隙的边缘上分布着在寻常条件下不运动的结合水，其余部分是重力

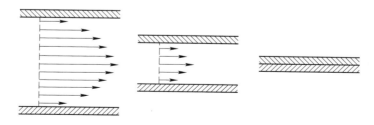

图 2-5 理想圆管状空隙中重力水流速分布

（阴影部分代表结合水，箭头长度代表重力水质点实际流速）

水。由于附着于隙壁的结合水层对于重力水，以及重力水质点之间存在着摩擦阻力，最近边缘的重力水流速趋于零，中心部分流速最大。由此可得出：孔隙直径越小，结合水所占据的无效空间越大，实际渗流断面就越小；同时，孔隙直径越小，可能达到的最大流速越小。因此孔隙直径越小，透水性就越差。当孔隙直径小于两倍结合水层厚度时，在寻常条件下就不透水。

如果我们把松散岩石中的全部孔隙通道概化为一束相互平行的等径圆管（见图2-6），则不难推知：当孔隙度一定而孔隙直径越大时，则圆管通道的数量越少，但有效渗流断面越大，透水能力就越强；反之，孔隙直径越小，透水能力就越弱。由此可见，决定透水性好坏的主要因素是孔隙大小；只有在孔隙大小达到一定程度，孔隙度才对岩石的透水性起作用，孔隙度越大，透水性越好。

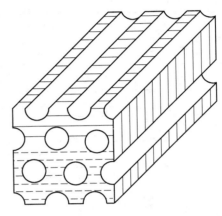

图 2-6　理想化孔隙介质

然而，实际的孔隙通道并不是直径均一的圆管，而是直径变化、断面形状复杂的管道系统（见图2-7(a)），岩石的透水能力并不取决于平均孔隙直径（见图2-7(b)），而在很大程度上取决于最小的孔隙直径（见图2-7(c)）。

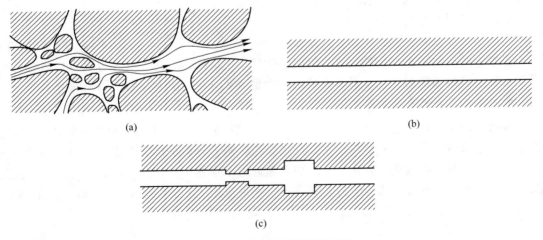

(a)

(b)

(c)

图 2-7　实际孔隙通道及其概化

（a）孔隙通道原型；（b）概化为沿程等径的圆管；（c）概化为沿程不等径的圆管

此外，实际的孔隙通道也不是直线的，而是曲折的（见图2-7(a)），孔隙通道越弯曲，水质点实际流程就越长，克服摩擦阻力所消耗的能量就越大。

颗粒分选性，除了影响孔隙大小，还决定着孔隙通道沿程直径的变化和曲折性（见图2-7(a)），因此，分选程度对于松散岩石透水性的影响，往往要超过孔隙度。

2.3 地下水的赋存特征

2.3.1 包气带与饱水带

包气带是指地下水面以上至地表面之间与大气相通的含有气体的地带。包气带水是指以各种形式存在于包气带中的水。其赋存和运移受毛细水和重力的共同影响，确切地说是受土壤水分势能的影响。包气带含水量及其水盐运移受气象因素的影响极其显著。包气带是饱水带与大气圈、地表水圈联系必经的通道，其水盐运移对饱水带有重要的影响。包气带可分为土壤水带、中间（过渡）带和毛细水带（见图 2-8）。包气带顶部植物根系发育与微生物活动的带为土壤层，其中含有土壤水。包气带底部是毛细水带，毛细水带是由于岩层毛细力的作用在潜水面以上形成的一个与饱水带有直接水力联系的接近饱和的地带，但由于毛细负压的作用，毛细带的水不能进入到井中。包气带厚度较大时土壤水带和毛细水带之间还存在着中间带，若中间带由粗细不同的岩性构成时，在细颗粒中间还可能有成层的悬挂毛细水，上部还可能滞留重力水。

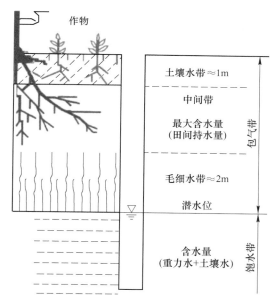

图 2-8 包气带和饱水带示意图

饱水带是地下水面以下岩土空隙空间全部或几乎全部被水充满的地带。饱水带中的水体分布连续，可传递静水压力，在水头差作用下可连续运动。其中的重力水是开发利用或排泄的主要对象。

2.3.2 含水层、隔水层与弱透水层

根据岩层渗透性强弱和透水能力大小，岩层通常可划分为含水层、隔水层和弱透水层（见图 2-9）。

含水层是指能够透过并给出相当数量水的岩层，是饱含水的透水层。构成含水层的 3

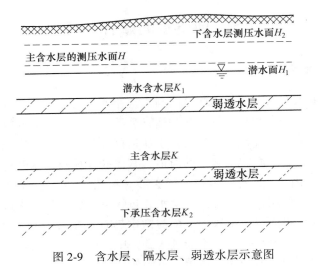

图 2-9　含水层、隔水层、弱透水层示意图

个条件是：有储存水的空间（储水构造）；周围有隔水岩石；有水的来源，以含有重力水为主。

隔水层是指不能透过与给出水或者透过与给出的水量微不足道的岩层，以含有结合水为主。

含水层和隔水层没有定量的指标，它们的定义具有相对性。在各种不同的情况下，人们所指的含水层和隔水层在含义上有所不同。岩性相同、渗透性完全一样的岩层，很可能在有些地方被当作含水层，在另一些地方被当作隔水层。即使在同一地方，在涉及某些问题时被当作透水层，涉及另一些问题时被看作或划分为隔水层。如何划分含水层、隔水层，要视具体条件而定。

在利用和排除地下水时，应考虑岩层所能给出水的数量大小是否具有实际意义。例如利用地下水供水时某一岩层能够给出的水量较小，对于水量丰沛、需水量很大的地区，由于远不能满足供水需求，而被视为隔水层。但在水资源匮乏、需水量又小的地区，便能在一定程度上，甚至完全满足实际需要，而被看作含水层。再如，某种岩层渗透性比较低，从供水的角度，可能被看作隔水层，而从水库渗漏的角度，由于水库周界长，渗漏时间长，渗漏量不能忽视，而被看作含水层。弱透水层是指透水性相当差，但在水头差作用下通过越流可交换较大水量的岩层。严格地说，自然界没有绝对不发生渗透的岩层，只不过渗透性特别低而已。从这个角度上说，岩层是否透水还取决于时间尺度。

2.3.3　地下水分类

地下水广义上是指赋存于地面以下岩石空隙中的水，狭义上仅指赋存于饱水带岩土空隙中的重力水[1,2]。地下水的赋存特征对其水量、水质时空分布有决定意义，其中最重要的是埋藏条件和含水介质类型。

埋藏条件是指含水岩层在地质剖面中所处的部位及受隔水层（弱透水层）限制的情况。据此可将地下水分为包气带水（包括土壤水、上层滞水、毛细水及过路重力水）、潜水和承压水，其中潜水和承压水是供水水文地质的主要研究对象。按含水介质（空隙）

类型可将地下水分为孔隙水、裂隙水和岩溶水（见表2-3）。

表 2-3　地下水分类及其主要特征

按埋藏条件分类	按含水介质分类		
	孔隙水	裂隙水	岩溶水
包气带水	土壤水、过路重力水及悬挂毛细水	裂隙岩层浅部存在的毛细水	
潜水	局部隔水层之上的含水层中存在的重力水	裂隙岩层浅部季节性存在的重力水	裸露岩溶化地层上部岩溶通道中季节性存在的重力水
承压水	山间盆地及平原松散层深部的水	构造盆地、向斜、单斜中岩溶化岩层中的水	构造盆地、向斜、单斜中裂隙岩层中的水

松散岩石中的孔隙连通性好，分布均匀，其中的地下水分布与流动比较均匀，赋存于其中的地下水称为孔隙水。坚硬基岩中的裂隙，宽窄不等，多具有方向性，连通性较差，分布不均匀，其中的地下水相互关联差，分布流动不均匀，称为裂隙水。可溶岩石中的溶穴是一部分原有裂隙与原生孔隙溶蚀而成，大小悬殊，分布不均，其中的地下水分布与流动多极不均匀，称为岩溶水。廖资生教授在《高校地质学报》上撰文，提出了地下水介质分类的新方案和基岩裂隙水的新概念，除传统的三大类型地下水外，还有过渡类型如孔隙-裂隙水、黏土裂隙水、裂隙-孔隙水、火山灰渣孔隙水、熔岩孔洞水、基岩裂隙水（裂隙水）、裂隙-岩溶水等类型。

2.3.4　潜水

潜水是指饱水带中第一个具有自由表面的含水层中的水，即地表以下第一个稳定隔水层以上具有自由水面的地下水[1,2]（见图2-10），潜水没有隔水顶板或只有局部隔水顶板。潜水的表面为自由表面，称为潜水面；从潜水面到隔水底板的距离称为潜水含水层厚度；潜水面到地面的距离称为潜水埋藏深度；潜水含水层的厚度与潜水埋藏深度随着潜水面的

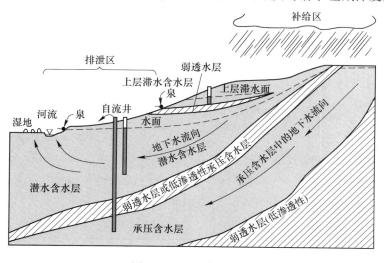

图 2-10　地下水的类型

变化发生相应的变化；含水层底部的隔水层被称为隔水底板，潜水面上任意一点的高程是潜水位。

潜水含水层上部不存在完整的隔水层或弱透水顶板，与包气带直接相连，因此潜水可以通过包气带直接接受大气降水、地表水的补给。潜水在重力作用下由水位高的地方向水位低的地方径流，在天然条件下除流入其他含水层以外，一方面可能径流到低洼地带以泉泄流的方式向地表排泄，另一方面可能通过土层的蒸发和植物的蒸腾作用进入大气层。

潜水与大气圈、地表水圈联系密切，积极参与水循环，这使得潜水资源量易于补充恢复；但一般情况下潜水受气候的影响较大，含水层厚度一般比较有限，资源通常缺乏多年调节性。潜水的水质主要取决于气候、地形、岩性等条件的影响。气候湿润的山丘区，潜水以径流为主，水中的含盐量不高；气候干旱的平原区，潜水以蒸发为主，常形成含盐量较高的咸水。地形的影响也比较显著，地形切割强烈的地区，有利于潜水的循环，水中的含盐量也相对较低；地形平坦，不利于潜水循环的地区，水中的盐分含量相对较高。此外由于上部没有完整的隔水层，所以潜水很容易受污染，应注意对潜水水源的保护。

2.3.5　承压水

承压水是指充满于两个隔水层（弱透水层）之间的含水层中具有承压性质的地下水。承压含水层上部的隔水层称为隔水顶板；承压含水层下部的隔水层称为隔水底板；隔水顶板、底板之间的距离称为承压含水层的厚度。由于承压含水层中的水承受大气压强以外的压强，当钻孔揭露含水层顶板时，钻孔中的水位将上升到含水层顶板以上一定高度才能静止下来。钻孔中承压水位到承压含水层顶面之间的距离，即从静止水位到承压含水层顶面的垂直距离称为承压高度，亦是作用于隔水顶板的以水柱高度表示的附加压强。井孔中静止水位的高程称为测压水位或测压水头。

承压性是承压水的重要特征。图 2-11 表示一个基岩向斜盆地。中央部分的含水层位于隔水层之下，是承压区；两端出露于地表，为非承压区。含水层从出露较高位置获得补给，在另一侧出露较低位置进行排泄。测压水位高于地面能自行喷出或溢出地表面的地下水称为自流水；承压水自流的范围称为自流区，又称为承压水的自溢区。

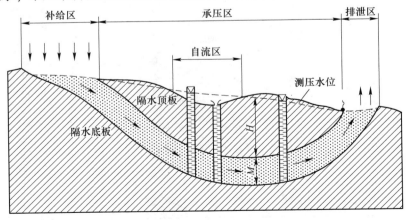

图 2-11　基岩向斜盆地

M—含水层厚度；*H*—测压水头高度

承压水在很大程度上与潜水一样，接受降水入渗补给、地表水的入渗补给。当顶板的隔水性能良好时，主要通过含水层出露于地表的补给区接受补给，在承压区接受越流补给，在下游排泄区以泉或其他径流方式向地表或地表水体排泄。承压含水层因受上部隔水层的影响，与大气圈、地表水圈的联系较差，不易受水文、气象因素的影响或影响相对较小。水循环缓慢，水资源不易恢复补充，但一些地方承压含水层厚度较大，具有多年调节性。因为上部分布有完整的隔水层，承压水水质不易被污染，但一旦污染很难治理。原生水质取决于埋藏条件及其与外界联系的程度。与外界联系较好，水中含盐量相对较少，承压水参与水循环越积极，水质就越接近入渗的大气降水；与外界联系较差，基本保留沉积物沉积时的水，水中含盐量相对较大。

承压水接受补给或进行排泄时，对水量增减的反应与潜水不同。潜水含水层接受补给或进行排泄时，潜水位抬升或降低，含水层厚度加大或变薄。承压含水层接受补给时，由于含水层的顶板限制，获得的补给水量使测压水位上升。一方面由于压强增大，含水层中水的密度加大；另一方面由于孔隙水压力增大，有效应力降低，含水层骨架发生少量回弹，空隙增大，即增加的水量通过水的密度加大及含水介质空隙的增加而被容纳。含水层排泄时，减少的水量表现为含水层中水的密度变小以及含水介质空隙缩减。

与潜水的给水度相类似，承压含水层以贮水系数（又称储水系数或弹性释水系数）表征承压水的给水性。贮水系数是指承压水测压水位下降或上升一个单位深度时单位水平面积含水层所释放或储存的水的体积。一般承压含水层的贮水系数为 $0.005 \sim 0.00005$，常较潜水含水层的给水度小 $1 \sim 3$ 个数量级。因此也就不难理解，开采承压含水层往往会导致测压水位大面积、大幅度下降。

潜水与承压水在一定条件下可以相互转化，在孔隙含水层中转化更为频繁。承压水可以由潜水转化而来，潜水也可以获得承压水的补给。两者间的转化取决于两个含水层的水头差、两个含水层之间弱透水层的岩性、厚度、渗透性以及时间等因素。

2.3.6 上层滞水

地面以下通常分布有多层含水层，当包气带中局部分布有隔水层或弱透水层时，隔水层或弱透水层上会积聚具有自由水面的重力水，这种水通常称为上层滞水（见图 2-12）。上层滞水的性质基本与潜水相同[1,37]。它的补给来源主要为大气降水，通过蒸发或向隔水底板的边缘下渗排泄。雨季获得补充，积存一定的水量，旱季水量逐渐消耗。当分布范

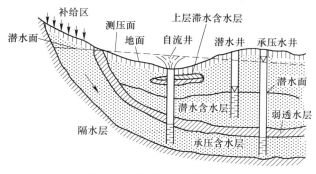

图 2-12 多层含水层剖面图

围小且补给不经常时，不能终年保持有水。由于其水量小，动态变化剧烈，只有在缺水地区才能成为小型的供水水源地或暂时性供水水源。上层滞水受水文因素影响强烈，水质极易受污染。

2.3.7　潜水与承压水的相互转化

在自然与人为条件下，潜水与承压水经常处于相互转化之中。显然，除了构造封闭条件下与外界没有联系的承压含水层外，所有承压水最终都是由潜水转化而来；或由补给区的潜水测向流入，或通过弱透水层接受潜水的补给。

对于孔隙含水系统，承压水与潜水的转化更为频繁。孔隙含水系统中不存在严格意义上的隔水层，只有作为弱透水层的黏性土层。山前倾斜平原，缺乏连续的厚度较大的黏性土层，分布着潜水。进入平原后，作为弱透水层的黏性土层与砂层交互分布。浅部发育潜水（赋存于砂土与黏性土层中），深部分布着由山前倾斜平原潜水补给形成的承压水。由于承压水水头高，在此通过弱透水层补给其上的潜水。因此，在这类孔隙含水系统中，天然条件下，存在着山前倾斜平原潜水转化为平原承压水，最后又转化平原潜水的过程（见图 2-13）。

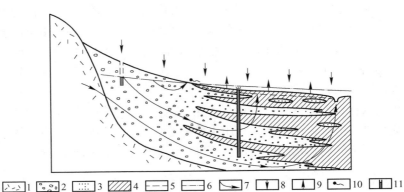

图 2-13　半干旱地区洪积扇水文地质示意剖面图

1—基岩；2—砾石；3—砂；4—黏性土；5—潜水位；6—承压水测压水位；7—地下水流线；
8—降水入渗；9—蒸发排泄；10—下降泉；11—井（涂黑部分有水）

天然条件下，平原潜水同时接受来自上部降水入渗补给及来自下部承压水越流补给。随着深度加大，降水补给的份额减少，承压水补给的比例加大。同时，黏性土层也向下逐渐增多。因此，含水层的承压性是自上而下逐渐加强的。换句话说，平原潜水与承压水的转化是自上而下逐渐发生的，两者的界限不是截然分明的。开采平原深部承压水后其水位低于潜水时，潜水便反过来成为承压水的补给源。

基岩组成的自流斜地中（见图 2-14），由于断层不导水，天然条件下，潜水及与其相邻的承压水通过共同的排泄区以泉的形式排泄。含水层深部的承压水则基本上是停滞的。如果在含水层的承压部分打井取水，井周围测压水位下降，潜水便全部转化为承压水由开采排泄了。由此可见，作为分类，潜水和承压水的界限是十分明确的，但是，自然界中的复杂情况远非简单的分类所能包容，实际情况下往往存在着各种过渡与转化的状态，切忌用绝对的固定不变的观点去分析水文地质问题。

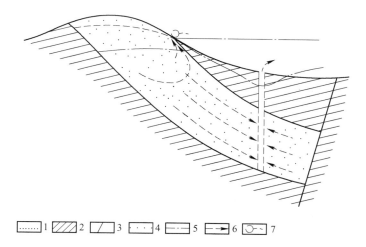

图 2-14 潜水与承压水的转化

1—含水层；2—隔水层；3—阻水断层；4—天然地下水位；5—开采后的地下水位；

6—潜水流线；7—泉

思　考　题

2-1　名词解释

包气带，潜水，承压水，承压含水层厚度，上层滞水，贮水系数，潜水等水位线图，支持毛细水，容水度，给水度。

2-2　简答题

（1）简述影响孔隙大小的因素，并说明如何影响？

（2）影响岩石透水性的因素有哪些，如何影响？

（3）简述包气带特征。

（4）潜水的水位动态一般随季节如何变化？

（5）影响潜水面的因素有哪些，如何影响？

（6）潜水有哪些特征？

（7）地下水位的埋藏深度和下降速率，对松散岩石的给水度产生什么影响？

（8）潜水等水位线图可以揭示哪些水文地质信息？

3 地下水运动规律

3.1 渗流的基本概念

渗流是指地下水在岩石空隙中的运动，渗流场是指发生渗流的区域[1]。根据水质点的运动特征可将水流分为层流运动和紊流运动（见图 3-1）。层流运动是指在岩石空隙中渗流时水的质点作有秩序的、互不混杂的流动。紊流运动指在岩石空隙中渗流时水的质点作无秩序的、互相混杂的流动。

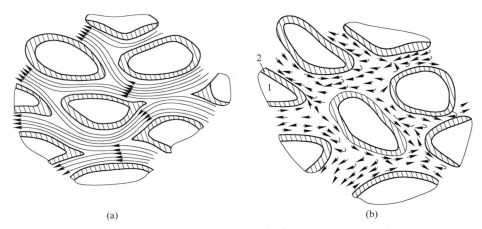

(a)   (b)

图 3-1　空隙岩石中地下水的层流和紊流（箭头表示水流运动方向）
(a) 层流；(b) 紊流
1—固体颗粒；2—结合水

根据渗流运动要素与时间的关系，可将渗流分为稳定流和非稳定流[1,2]。稳定流是指水在渗流场内运动过程中各个运动要素（水位、流速、流向等）不随时间改变的水流运动。非稳定流是指水在渗流场内运动过程中各个运动要素（水位、流速、流向等）随时间变化的水流运动。

3.2 重力水运动的基本规律

3.2.1 达西定律

3.2.1.1 达西定律表达式

法国工程师达西（Henry Darcy，1803~1858 年）于 1856 年通过实验得到著名的达西定律。达西定律是在定水头、定流量、均质砂的实验条件下得到的渗透流量与水头差、渗透途径之间的分析表达式。实验装置（见图 3-2）由砂柱、滤网、测压管、量杯、供水的马氏瓶组成。

实验中，水由砂柱的上端加入，流经砂柱并从砂柱的下端流出，在上、下测压管分别测得两个断面的水头，同时在出口测量流量。当水流由上向下运动达到稳定时，此时地下水作一维均匀运动，渗流速度与水力坡度的大小和方向沿流程不变。根据实验结果得到达西定律表达式：

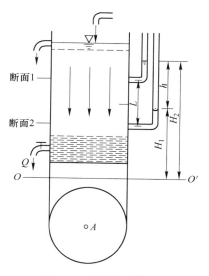

图 3-2 达西实验装置

$$Q = KAI = KA \frac{H_1 - H_2}{L} \qquad (3-1)$$

$$v = \frac{Q}{A} = KI \qquad (3-2)$$

$$I = \frac{H_1 - H_2}{L} \qquad (3-3)$$

式中，Q 为渗透流量（出口处流量），即通过过水断面（砂柱各断面）A 的流量，m^3/d；v 为渗透流速，m/d；K 为多孔介质的渗透系数，m/d；A 为过水断面面积，m^2；H_1，H_2 分别为上、下游过水断面的水头，m；L 为渗透途径，m；I 为水力梯度，等于两个计算断面之间的水头差除以渗透途径，即渗透路径中单位长度上的水头损失。

达西定律反映了能量转化与守恒。根据达西定律，渗透流速与梯度的一次方成正比；如果渗透系数一定，当渗透流速增大时，水头差增大，表明单位渗透途径上被转化成热能的机械能损失越多，即渗透流速与机械能的损失成正比；当渗透流速一定时，渗透系数越小，水头差越大，即渗透系数与机械能的损失成反比。

3.2.1.2 达西定律适用范围

达西定律主要适用于雷诺数（Re）较小的层流。雷诺数 Re 小于 10 时，地下水运动速度低，黏滞力占优势，水流为层流，达西定律适用。

当雷诺数 Re 为 $10 \sim 100$ 时，地下水流速增大，地下水运动由黏滞力占优势的层流转变为以惯性力占优势的层流运动，为过渡带，虽然地下水仍为层流，但达西定律已不适用。

当雷诺数 Re 大于 100 时，地下水流为紊流，达西定律不适用。由于地下水流基本是雷诺数小于 10 的层流，因此达西定律基本适用。

3.2.2 渗透流速

渗透流速又称渗透速度、比流量，是渗流在过水断面上的平均流速[1,2]。它不代表任何真实水流的速度，只是一种假想速度。它描述的是渗流具有的平均速度，是渗流场空间坐标的连续函数，是一个虚拟的矢量。

因为计算渗透流速所用的面积为砂柱的横截面积而不是实际的过水断面面积，渗透流速与实际流速之间的关系为

$$v = \frac{A'}{A} \cdot u \qquad (3-4)$$

式中，v 为地下水的渗透流速，m/d；A 为砂柱横截面积，m^2；A' 为实际过水断面面积，m^2；u 为地下水的实际流速，m/d。

如果用有效孔隙度（n_e）来表示重力水流动的孔隙体积与岩石体积之比，那么 $n_e = \frac{V_g}{V_t} = \frac{A'}{A}$，于是有：

$$v = n_e \cdot u \qquad (3-5)$$

3.2.3 水力梯度

水力梯度，也称水力坡度，是指沿渗透途径水头损失与渗透途径长度的比值[1,2]。水在空隙中运动时，必须克服水与隙壁之间的阻力以及流动快慢不同的水质点之间的摩擦阻力，从而消耗机械能，造成水头损失。因此水力梯度可以理解为水流通过单位长度渗透途径为克服摩擦阻力所耗失的机械能，或为克服摩擦力而使水以一定速度流动的驱动力。在渗流场中大小等于梯度值，方向沿等水头面的法线并指向水头下降方向的矢量，用 I 表示

$$I = -\frac{dH}{dn}n \qquad (3-6)$$

式中，n 为法线方向单位矢量。在空间直角坐标系中，其三个分量分别为：

$$I = -\frac{\partial H}{\partial x}, \ I = -\frac{\partial H}{\partial y}, \ I = -\frac{\partial H}{\partial z} \qquad (3-7)$$

3.2.4 渗透系数

渗透系数 K 是水力梯度等于1时的渗透流速，是表征岩石透水能力的重要的水文地质参数[1,2]。渗透系数 K 大，表明岩石透水能力就强。渗透系数与岩石空隙性质、水的某些物理性质有关。岩性不同，渗透系数往往也不同；颗粒大小对渗透系数影响较大（见表3-1），渗透系数与圆管通道的形状弯曲有关，圆管通道曲折变化时，渗透性较差。

表 3-1　渗透系数 K 与岩性之间的关系

岩性	亚黏土	亚砂土	粉砂	细砂	中砂	粗砂	砾石	卵石	漂石
粒径 D/mm				0.1~0.25	0.25~0.5	0.5~2	2~20	20~60	>60
K/m·d^{-1}	0.001~0.10	0.10~0.50	0.5~1.0	1.0~5.0	5.0~20	20~50	50~150	150~500	

渗透系数的大小与水的物理性质也有关，黏滞性不同的两种液体，在其他条件相同时，黏滞性大的液体的渗透性会小于黏滞性小的液体。

利用渗透系数和透水率的大小可以划分岩石和土类的渗透性，依据《水力发电工程地质勘察规范》（GB 50287—2016），渗透性分级见表3-2。

表 3-2　岩土渗透性分级

渗透性等级	标准		岩体特征	土类
	渗透系数 K /cm·s^{-1}	透水率 q /Lu		
极微透水	$K < 10^{-6}$	$q < 0.1$	完整岩石含等价开度，含等价开度 <0.025mm 裂隙的岩体	黏土
微透水	$10^{-6} \leqslant K < 10^{-5}$	$0.1 \leqslant q < 1$	含等价开度 0.025~0.050mm 裂隙的岩体	黏土~粉土
弱透水	$10^{-5} \leqslant K < 10^{-4}$	$1 \leqslant q < 10$	含等价开度 0.05~0.1mm 裂隙的岩体	粉土~细粒土质砂
中等透水	$10^{-4} \leqslant K < 10^{-2}$	$10 \leqslant q < 100$	含等价开度 0.1~0.5mm 裂隙的岩体	砂~砂砾
强透水	$10^{-2} \leqslant K < 1$	$q \geqslant 100$	含等价开度 0.5~2.5mm 裂隙的岩体	砂砾~砾石、卵石
极强透水	$K \geqslant 1$	$q \geqslant 100$	连通孔洞或等价开度>2.5mm 裂隙的岩体	粒径均匀的巨砾

注：Lu—吕荣单位，是 1MPa 压强下，每米试段的平均压入流量，以 L/min 计。

3.3　流　　网

渗流场内可以画出一系列等水头面和流面。在渗流场中某一典型剖面或切面上，由一系列等水头线与流线组成的网格称为流网（flow nets）。

流线（streamline，flow line）是渗流场中某一瞬时的一条线，线上各水质点在此瞬时的流向均与此线相切。迹线（path line，flow path）是渗流场中某一时间段内某一水质点的运动轨迹。流线可看作同一时刻水质点运动的摄影，迹线则可看成水质点运动过程的录像。在稳定流条件下，流线与迹线重合。

3.3.1　均质各向同性介质中的流网

在均质各向同性介质中，地下水必定沿着水头变化最大的方向，即垂直于等水头线的方向运动，因此，流线与等水头线构成正交网格。

为了讨论方便，在此仅限于分析均质各向同性介质中的稳定流网。

精确地绘制定量流网需要充分掌握边界条件及参数。在实测资料很少的情况下，也可绘制定性流网。尽管这种信手流网并不精确，但往往可以为我们提供许多有用的水文地质信息，是水文地质分析的有效工具。

作流网时，首先根据边界条件绘制容易确定的等水头线或流线。边界包括定水头边界、隔水边界及地下水面边界。地表水体边界一般可看作等水头面（河渠湿周是等水头线），如图 3-3（a）所示。隔水边界应看做流线或流面（见图 3-3（b）），水流不能通过隔水边界和流线。地下水面边界比较复杂。当没有入渗补给及蒸发排泄，有侧向补给，做稳定流动时，地下水面是流线（图 3-3（c））；当有入渗补给时，它既不是流线，也不是等水头线（见图 3-3（d））。

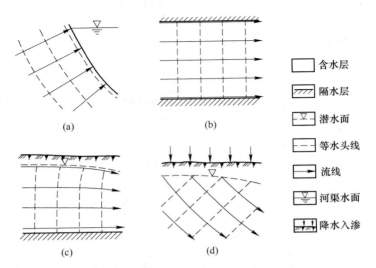

图 3-3 等水头线、流线与各类边界的关系

流线总是由源指向汇，因此，根据补给区（源）和排泄区（汇）可以判断流线的趋向。渗流场中具有一个以上补给点或排泄点时，首先要确定分流面或分流线（见图 3-4）。相对于地质隔水边界，分流面是水力隔水边界。

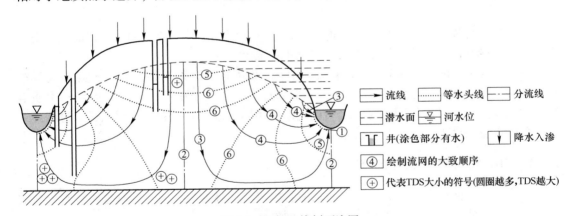

图 3-4 河间地块剖面流网

然后，根据流线与等水头线正交规则，在已知流线与等水头线间插补其余部分，得到由流线与等水头线构成的正交网格。

这种正交流网，等水头线的密疏说明水力梯度的大小；相邻两条流线之间通过的流量相等，因此，流网的密疏反映渗透流速及流量的大小。

下面以河间地块的信手流网绘制为例说明。图 3-4 表示一个水平隔水底板、均质各向同性潜水含水层的河间地块，地下水接受均匀稳定的入渗补给，并向两侧河流排泄，两河水位相等且保持不变。大体上可按图 3-4 上所标的顺序绘制流网。在绘制潜水面和表示均匀入渗补给的等间距垂向箭头后，从入渗补给箭头投影到潜水面的点出发，依次绘制流线至两侧河流。绘制等水头线时，先在地下分水岭到河水位之间引出等间距的水平线，再从该水平线与潜水面的交点分别引出各条等水头线。

从这张简单的流网图（见图3-4）可以获得以下信息：（1）由分水岭到河谷，流向从自上而下到接近水平，再自下而上；（2）在分水岭地带打井，井中水位随井深加大而降低，河谷地带井水位则随井深加大而抬升；（3）由分水岭到河谷，流线越来越密集，流量增大，地下径流加强；（4）由地表向深部，地下径流减弱；（5）由分水岭出发的流线，渗透途径最长，平均水力梯度最小，地下水径流最弱。

利用流网，还可以追踪污染物质的运移；根据某些矿体溶于水中标志成分的浓度分布，结合流网分析，可以推断深埋于地下盲矿体的位置。实际工作中往往只画示意流线便足以说明问题。

3.3.2 层状非均质介质中的流网

下面讨论层状非均质介质中的稳定流网。所谓层状非均质（layered heterogeneity）是指介质场内各层内部渗透性相同，但不同层介质的渗透性不同。

如图3-5所示，设有两岩层渗透系数分别为K_1及K_2，而$K_2 = 3K_1$。在图3-5(a)所示的情况下，当两层厚度相等，流线平行于层面流动时，两层中的等水头线间隔分布一致，但在K_2层中流线密度为K_1层的3倍。也就是说，更多的地下水通过渗透性好的K_2层运移。

在图3-5(b)的情况下，K_1与K_2两层长度相等，流线恰好垂直于层面，这时通过两层的流线数相等。但在K_1层中等水头线的间隔数为K_2层的3倍。这就是说，在流量相等，渗透途径相同的情况下，地下水在渗透性差的K_1层中消耗的机械能是K_2层的3倍。

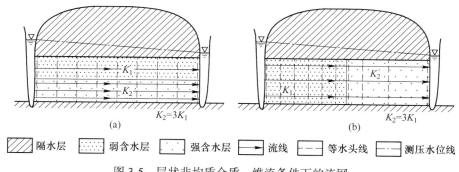

图3-5 层状非均质介质一维流条件下的流网

现在再来看第三种情况。如图3-6所示，流线与岩层界面既不平行，也不垂直，而以一定角度斜交。这种情况下，当地下水流线通过具有不同渗透系数的两层边界时，必然像光线通过一种介质进入另一种一样，发生折射，服从以下规律：

$$\frac{K_1}{K_2} = \frac{\tan\theta_1}{\tan\theta_2} \tag{3-8}$$

式中，θ_1为流线在K_1层中与层界法线间的夹角；θ_2为流线在K_2层中与层界法线间的夹角。式（3-8）的推导过程可参见弗里泽等人编写的《地下水》。

应用物理学知识不难理解上述现象。为了保持流量相等，流线进入渗透性好的岩层后将更加密集，等水头线则间隔加大$\mathrm{d}l_2 > \mathrm{d}l_1$，如图3-6和图3-7所示。

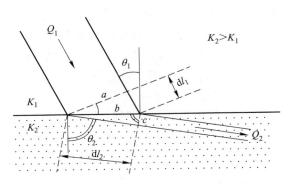

图3-6　流线在不同渗透性岩层界面上的折射现象

　　同理，当含水层中存在强渗透性透镜体时，流线将向其汇聚（见图3-8(a)）；存在弱渗透性透镜体时，流线将绕流（见图3-8(b)）。

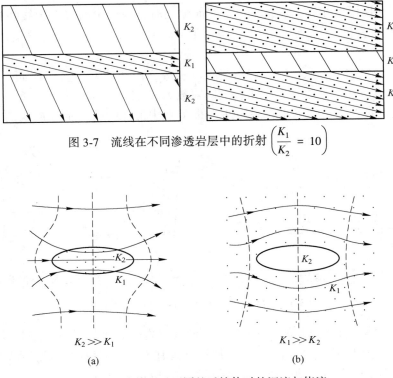

图3-7　流线在不同渗透岩层中的折射 $\left(\dfrac{K_1}{K_2} = 10\right)$

图3-8　流线经过不同的透镜体时的汇流与绕流
（a）强渗透性的透镜体；（b）弱渗透性透镜体

3.4　饱水黏性土中水的运动规律

　　不少研究者曾进行了饱水黏性土的室内渗透试验，并得出了不同的结果。根据这些试验结果，黏性土渗透流速 v 与水力梯度 I 主要存在 3 种关系：

（1）v-I 关系为通过原点的直线，服从达西定律（见图 3-9(a)）；

（2）v-I 曲线不通过原点，水力梯度小于某一值 I_0 时，无渗透；大于 I_0 时，起初为一向 I 轴凸出的曲线，然后转为直线（见图 3-9(b)）；

（3）v-I 曲线通过原点，I 小时曲线向 I 轴凸出，I 大时曲线为直线（图 3-9(c)）。

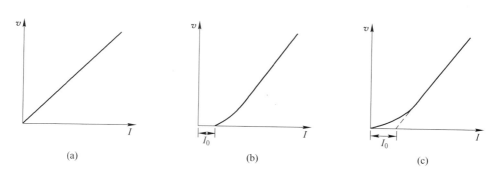

图 3-9 饱水黏性土渗透实验的各类 v-I 关系曲线

迄今为止，较多的学者认为，黏性土（包括相当致密的黏土在内）中的渗流，通常仍然服从达西定律。例如，奥尔逊曾用高岭土做渗透试验，加压固结使高岭土孔隙度从 58.8% 降到 22.5%，施加水力梯度 $I = 0.2 \sim 40$，结果得出 v-I 关系为一通过原点的直线。他解释说，这是因为高岭土颗粒表面的结合水层厚度相当于 20~40 个水分子，仅占孔隙平均直径的 2.5%~3.5%，所以对渗透影响不大；对于颗粒极其细小的黏土，尤其是膨润土，结合水则有可能占据全部或大部分孔隙，从而呈现非达西流。偏离达西定律的实验结果大多如图 3-9(c) 所示，我们据此来分析结合水的运动规律。曲线通过原点，说明只要施加微小的水力梯度，结合水就会流动，但此时的渗透流速 v 十分微小。随着 I 加大，曲线斜率（表征渗透系数 K）逐渐增大，然后趋于定值。张忠胤把 K 趋于定值以前的渗流称为隐渗流，而把 K 趋于定值以后的渗流称为显渗流。他认为，结合水的抗剪强度随着离颗粒表面距离的加大而降低；施加的水力梯度很小时，只有孔隙中心抗剪强度较小的那部分结合水发生运动；随着 I 增大，参与流动的结合水层厚度加大，即对水流动有效的孔隙断面扩大，因此，隐渗流阶段的 K 是 I 的函数；由于内层结合水的抗剪强度随着靠近颗粒表面而迅速增大，当 I 进一步增大时，参与流动的结合水的厚度没有明显扩大，此时，K 即趋于定值。

对于图 3-9(c) 的 v-I 曲线，可从直线部分引一切线交于 I 轴，截距 I_0，称为起始水力梯度。v-I 曲线的直线部分可用罗查的近似表达式表示：

$$v = K(I - I_0) \tag{3-9}$$

结合水是一种非牛顿流体，是介于固体与液体之间的异常液体，外力必须克服其抗剪强度方能使其流动。

饱水黏性土渗透实验的要求比较高，稍不注意就会产生各种实验误差，得出虚假的结果。因此，不能认为，黏性土的渗透特性及结合水的运动规律目前已经得出了定论。在低渗透介质渗流机理方面，有很多挑战性的课题需要深入研究。

思　考　题

3-1　名词解释

渗流场，稳定流，水力梯度，渗透系数，越流

3-2　简答题

（1）叙述达西定律并说明达西定律表达式中各项物理意义。

（2）何为渗透流速，渗透流速与实际流速的关系如何？

（3）有效孔隙度与孔隙度、给水度有何关系？

（4）叙述流网的画法，以及利用流网图可解决的问题。

（5）叙述达西定律并说明达西定律表达式中各项物理意义。

4 地下水理化特征及形成作用

4.1 地下水的化学特征

地下水是一种复杂的溶液，其中含有各种气体、离子、胶体、有机质以及微生物。

4.1.1 地下水中主要气体成分

O_2、N_2、CO_2、CH_4 及 H_2S 等气体在地下水中比较常见，且以前 3 种为主。通常，地下水中气体含量不高，每升水中只有几毫克到几十毫克，但有重要意义。一方面，气体成分能够说明地下水所处的地球化学环境；另一方面，有些气体会增加地下水溶解某些矿物组分的能力。

地下水中的氧气（O_2）和氮气（N_2）主要来源于大气。它们随同大气降水及地表水补给地下水，与大气圈关系密切的地下水中含 O_2 及 N_2 较多。溶解氧含量多，说明地下水处于氧化环境。O_2 的化学性质远较 N_2 活泼，在相对封闭的环境中，O_2 将耗尽而只留下 N_2。因此，N_2 的单独存在，通常可说明地下水起源于大气并处于还原环境。大气中的惰性气体（Ar、Kr、Xe）与 N_2 的比例恒定，即：$(Ar + Kr + Xe)/N_2 = 0.0118$。比值等于此数，说明 N_2 是大气的起源；小于此数，则表明水中含有生物起源或变质起源的 N_2。

硫化氢（H_2S）、甲烷（CH_4）：在与大气比较隔绝的还原环境中，地下水中出现 H_2S 与 CH_4，这是微生物参与的生物化学作用的结果。

二氧化碳（CO_2）：降水和地表水补给地下水时带来 CO_2，但含量通常较低。地下水中的 CO_2 主要来源于土壤。有机质残骸的发酵作用与植物的呼吸作用，使土壤中源源不断产生 CO_2，并进入地下水。

在深部高温下条件下，含碳酸盐的岩石也可以变质生成 CO_2：

$$CaCO_3 \xrightarrow{400℃} CaO + CO_2 \tag{4-1}$$

在这种情况下，地下水中 CO_2 的含量较高，其浓度高达 1g/L 以上。

工业化以来，由于化石燃料（煤、石油、天然气）的大量应用，使得大气中人为产生的 CO_2 明显增加，大气 CO_2 浓度已从 1000 ~ 1750 年间的 0.028%，升高到 2000 年的 0.0368%。

地下水中含 CO_2 越多，溶解某些矿物组分的能力越强。

4.1.2 地下水中主要离子成分

溶解性总固体（total dissolved solids）：是指溶解在水中的无机盐和有机物的总称（不包括悬浮物和溶解气体等非固体组分），可用缩略词 TDS 表示。将 1L 水加热到 105 ~

110℃，使水全部蒸发，剩下的残渣质量即为溶解性总固体，单位为 mg/L 或 g/L。也可用分析得出的各种溶解性固体组分含量累加，减去 HCO_3^- 含量的 1/2 求得（蒸干时有将近 1/2 的 HCO_3^- 逸失）。按溶解性总固体含量将地下水分为淡水（<1g/L）、微咸水（1～3g/L）、咸水（3～10g/L）、盐水（10～50g/L）、卤水（>50g/L）。

总矿化度或矿化度是以往经常采用的术语。总矿化度（矿化度）是指溶于水中的离子、分子与化合物的总和，以 g/L 或 mg/L 为单位。这一概念来自苏联，其他国家几乎不采用，《生活饮用水卫生标准》（GB 5749—2006）中已经采用溶解性总固体代替总矿化度。但在引用前人文献时，仍然会提到矿化度。

对于地下水中氯离子（Cl^-）、硫酸根离子（SO_4^{2-}）、重碳酸根离子（HCO_3^-）、钠离子（Na^+）、钾离子（K^+）、钙离子（Ca^{2+}）及镁离子（Mg^{2+}）这几种离子，具有分布较广、含量较多的特点。构成这些离子的元素，或者是地壳中含量较高且较易溶于水的（如 O_2、Ca、Mg、Na、K），或者是地壳中含量虽不很大，但极易溶于水的（Cl、以 SO_4^{2-} 形式出现的 S）。地壳中含量很高的 Si、Al、Fe 等元素，由于难溶于水，地下水中含量通常不大。

通常情况下，地下水中主要离子成分随着溶解性总固体（TDS）的变化而变化。低 TDS 水中，常以 HCO_3^- 及 Ca^{2+}、Mg^{2+} 为主；高 TDS 水，以 Cl^- 及 Na^+ 为主；TDS 中等的地下水中，阴离子常以 SO_4^{2-} 为主，主要阳离子则可以是 Na^+，也可以是 Ca^{2+}。

地下水的 TDS 与离子成分间之所以具有这种对应关系，主要原因是水中盐类的溶解度不同（见表 4-1）。盐类溶解度还受其他因素影响（如 $CaCO_3$ 及 $MgCO_3$ 的溶解度随水中 CO_2 含量增加而增大），表 4-1 只是提供了一般情况下常见盐类的溶解度。

表 4-1　地下水中常见盐类的溶解度　　　　　　（g/L）

盐类	溶解度	盐类	溶解度
NaCl	359	$MgSO_4$	337
KCl	342	$CaSO_4$	2.55
$MgCl_2$	546	Na_2CO_3	215
$CaCl_2$	745	$MgCO_3$	0.39
K_2SO_4	111	$CaCO_3$	$6.17×10^{-3}$
Na_2SO_4	195		

注：1. 来源于维基百科。
　　2. 20℃，1atm（101325Pa），pH=7。

根据表 4-1 可知，氯化物的溶解度最大，硫酸盐次之，碳酸盐较小。钙、镁的碳酸盐溶解度最小。随着 TDS 增大，钙、镁的碳酸盐首先达到饱和并沉淀析出，继续增大时，钙的硫酸盐饱和析出，因此，TDS 高的水中便以易溶的氯和钠占优势（氯化钙的溶解度更大，TDS 异常高的地下水中以氯和钙为主）。

（1）氯离子（Cl^-）。氯离子（Cl^-）在地下水中广泛分布，但在低 TDS 水中，一般含量仅数毫克每升到数十毫克每升，高 TDS 水中可达数克每升乃至 100g/L 以上。地下水中的 Cl^- 主要有以下几种来源：1）沉积岩中岩盐或其他氯化物的溶解；2）岩浆岩中含氯矿物（氯磷灰石 $Ca_5(PO_4)_3Cl$、方钠石 $Na_4(Al_3Si_3O_{12})Cl$）的风化溶解；3）海水补给地下水，或者海风将细滴的海水带到陆地，使地下水中 Cl^- 增多；4）来自火山喷发物的溶滤；5）人为污染，生活污水及粪便中含有大量 Cl^-，因此，居民点附近的地下水 TDS 不高，但是 Cl^- 含量相对较高。

氯离子是地下水中最稳定的离子，这是由于氯盐溶解度大，不易沉淀析出，氯离子不被植物及细菌所摄取，不被土粒表面吸附。氯离子含量随着 TDS 增大而不断增加，因此，Cl^- 含量常可用来说明地下水化学演变的历程，通常，随着地下水流程增加而增大。由于下面将提到的某些化学作用可使水中 TDS 降低，所以，地下水中的氯离子含量往往比 TDS 更能表征地下水流程。当然，将氯离子含量作为地下水流程标志时，必须排除某些特殊因素，例如，生活污水污染、海水影响等。

（2）硫酸根离子（SO_4^{2-}）。在高 TDS 水中，硫酸根离子的含量仅次于 Cl^-，可达数克每升，个别达数十克每升；在低 TDS 水中，一般含量仅数毫克每升到数百毫克每升；中等矿化的水中，SO_4^{2-} 常成为含量最多的阴离子。地下水中的 SO_4^{2-} 来自含石膏（$CaSO_4 \cdot 2H_2O$）或其他硫酸盐的沉积岩的溶解。硫化物的氧化，则使本来难溶于水的 S 以 SO_4^{2-} 形式大量进入水中。例如：

$$2FeS_2（黄铁矿） + 7O_2 + 2H_2O \longrightarrow 2FeSO_4 + 4H^+ + 2SO_4^{2-} \tag{4-2}$$

煤系地层常含有很多黄铁矿，因此流经这类地层的地下水化学成分往往以 SO_4^{2-} 为主，金属硫化物矿床附近的地下水也常含大量 SO_4^{2-}。

化石燃料的应用提供了人为产生的 SO_2、NO_2 等，与水分作用形成硫酸及硝酸进入降水；降水的 pH 值小于 5.6 时便称为"酸雨"。我国酸雨面积，1985 年为 175 万平方千米，1993 年扩大为约 280 万平方千米。地下水中来源于酸雨的 SO_4^{2-} 及 NO_3^- 不可忽视。

由于 $CaSO_4$ 的溶解度较小，SO_4^{2-} 在水中的含量受到限制，因此地下水中的 SO_4^{2-} 远不如 Cl^- 稳定，最高含量也远低于 Cl^-。

（3）重碳酸根离子（HCO_3^-）。地下水中的重碳酸有几个来源。首先来自含碳酸盐的沉积岩与变质岩（如大理岩）：

$$CaCO_3 + H_2O + CO_2 \longrightarrow 2HCO_3^- + Ca^{2+} \tag{4-3}$$

$$MgCO_3 + H_2O + CO_2 \longrightarrow 2HCO_3^- + Mg^{2+} \tag{4-4}$$

$CaCO_3$ 和 $MgCO_3$ 是难溶于水的，当水中有 CO_2 存在时，才有一定数量溶解于水。岩浆岩与变质岩地区，HCO_3^- 主要来自铝硅酸盐矿物的风化溶解，如：

$$2NaAlSi_3O_8（钠长石） + 2CO_2 + 3H_2O \longrightarrow 2HCO_3^- + 2Na^+ + H_4Al_2Si_2O_9 + 4SiO_2 \tag{4-5}$$

$$CaO \cdot Al_2O_3 \cdot 2SiO_2（钙长石） + 2CO_2 + 3H_2O \longrightarrow 2HCO_3^- + Ca^{2+} + H_4Al_2Si_2O_9 \tag{4-6}$$

地下水中 HCO_3^- 的含量一般不超过数百毫克每升，HCO_3^- 几乎总是低 TDS 水的主要阴离子成分。

（4）钠离子（Na^+）。钠离子在低 TDS 水中的含量一般很低，仅数毫克每升到数十毫克每升，但在高 TDS 水中则是主要的阳离子，其含量最高可达数十克每升。

Na^+ 来自沉积岩中岩盐及其他钠盐的溶解，还可来自海水。在岩浆岩和变质岩地区，则来自含钠矿物的风化溶解。酸性岩浆岩中有大量含钠矿物，如钠长石，因此，在 CO_2 和 H_2O 的参与下，将形成低 TDS 以 Na^+ 及 HCO_3^- 为主的地下水。由于 Na_2CO_3 的溶解度比较大，故当阳离子以 Na^+ 为主时，水中 HCO_3^- 的含量可超过与 Ca^{2+} 伴生时的上限。

（5）钾离子（K^+）。钾离子的来源以及在地下水中的分布特点，与钠相近。它来自含钾盐类沉积岩的溶解，以及岩浆岩、变质岩中含钾矿物的风化溶解。在低 TDS 中含量甚微，而在高 TDS 水中较多。虽然在地壳中钾的含量与钠相近，钾盐的溶解度也相当大。但是，在地下水中 K^+ 的含量要比 Na^+ 少得多。原因是 K^+ 大量地参与形成不溶于水的次生矿物（水云母、蒙脱石、绢云母），并易被植物所摄取。由于 K^+ 的性质与 Na^+ 相近，含量少，所以，在水化学分类时，多将 K^+ 归并到 Na^+ 中，不另区分。

（6）钙离子（Ca^{2+}）。钙是低 TDS 地下水中的主要阳离子，其含量一般不超过数百毫克每升。地下水中的 Ca^{2+} 来源于碳酸盐类沉积物及含石膏沉积物的溶解，以及岩浆岩、变质岩中含钙矿物的风化溶解。在高 TDS 水中，当阴离子主要是 Cl^- 时，因 $CaCl_2$ 的溶解度相当大，故 Ca^{2+} 的绝对含量显著增大，但通常仍远低于 Na^+。

（7）镁离子（Mg^{2+}）。镁的来源及其在地下水中的分布与钙相近，来源于含镁的碳酸盐类沉积（白云岩、泥灰岩）；此外，还来自岩浆岩、变质岩中含镁矿物的风化溶解：

$$MgCO_3 + H_2O + CO_2 \longrightarrow Mg^{2+} + 2HCO_3^- \qquad (4\text{-}7)$$

$$(Mg \cdot Fe)SiO_4 + 2H_2O + 2CO_2 \longrightarrow MgCO_3 + FeCO_3 + Si(OH)_4 \qquad (4\text{-}8)$$

在低 TDS 水中，Mg^{2+} 含量通常较 Ca^{2+} 少，不构成地下水中的主要离子，部分原因是地壳组成中 Mg^{2+} 比 Ca^{2+} 少；碱性岩浆岩中的地下水，含 Mg^{2+} 较高。

4.1.3 地下水同位素成分

具有相同质子数、不同中子数的同一元素的不同核素，互为同位素（isotope）。

地下水中存在多种同位素，最有意义的是氢（^1H、^2H、^3H），氧（^{16}O、^{17}O、^{18}O），碳（^{12}C、^{13}C、^{14}C）。

氘（^2H 或 D）及氧-18（^{18}O）是常见氢氧稳定同位素，由于质量不同，在转化时发生分馏。例如，蒸发时重同位素（^2H、^{18}O）不易逸出，在液态水中相对富集；凝结时，液态水中也富集重同位素。因此，降水中氢氧重同位素丰度的分布存在多种效应。例如，高度效应指 ^2H、^{18}O 等重同位素丰度有随降水高程增高而降低的规律。利用高度效应，可以判断取样点地下水的补给高度与来源。大陆效应是指重同位素丰度有随远离水汽来源的海洋而降低的趋势。

氚（^3H 或 T）及碳-14（^{14}C）是常见的放射性同位素，半衰期分别为 12.262 年及 5730 年。利用地下水中氚及碳-14 含量，可以测定地下水平均贮留时间（年龄），测年范围分别为 50~60 年及 5 万~6 万年。需要注意的是，地下水碳-14 测年，必须确定进入地下水的碳-14 初始浓度，还要考虑不含碳-14 的化石碳（死碳）溶入水中导致碳-14 的稀释，需进行校正，因此，存在不确定性。通常，地下水碳-14 测年得出的是地下水视年龄（apparent age），而非真实年龄。氚来自宇宙射线与氮、氧作用，也有部分来自 1952 年以来的核爆炸试验，随着距核爆试验时间增加，氚显著衰减，已经很少利用氚测定地下水年龄了。

同位素方法是一种重要的研究手段，发展十分迅速，已经成为水文地质学不可缺少的技术手段。Edmunds 总结了利用地球化学及同位素方法的应用领域（见表4-2）。

表 4-2 　地球化学及同位素方法应用领域

分 类		对年龄测定	补给估算	相对年龄指标	盐分成因	化学相改变	古环境指标	氧化还原指标	污染指标	地热测温	饮用/指标
惰性示踪剂	Cl		•		•				•		•
	Br(Br/Cl)				•			•			
	^{36}Cl	•	•								
	$^{37}Cl/^{35}Cl$				•						
	^{3}H	•	•								
	$\delta^{18}O$、$\delta^{2}H$			•	•					•	
	惰性气体比率			•			•			•	
	惰性气体同位素	•									
反应示踪剂	主要离子/比率			•	•	•				•	•
	Si									•	
	微量碱金属			•			•		•		
	营养物						•	•			•
	金属(Mn、Fe、As、…)				•						
	$^{87}Sr/^{86}Sr$						•				
	$\delta^{34}S$				•				•		
	$\delta^{11}B$				•				•		
	δ^{14}、$\delta^{13}C$	•									
	有机物						•				•

注：表中 • 表示利用地球化学及同位素方法所应用的领域。

4.1.4 　地下水中的其他成分

以上介绍了地下水中主要离子成分，地下水还有一些次要离子，如 H^+、Fe^{2+}、Fe^{3+}、Mn^{2+}、NH_4^+、OH^-、NO_2^-、NO_3^-、CO_3^{2-}、SiO_3^{2-} 及 PO_4^{3-} 等。

地下水中的微量组分，有 Br、I、F、Ba、Li、Sr、Se、Co、Mo、Cu、Pb、Zn、B、As 等；微量元素除了说明地下水来源外，其含量过高或过低，都会影响人体健康。

地下水中以未离解的化合物构成的胶体，主要有 $Fe(OH)_3$、$Al(OH)_3$、H_2SiO_3，以及有机化合物等；此类化合物难以分解为离子形式，而以胶体形式存在于地下水中。胶体具有较大的比表面积，可以吸附细菌及有机物等，携带后者一起随水运移。

水溶有机质在天然地下水中含量通常不高，溶解有机碳（dissolved organic carbon，DOC）含量通常低于 2mg/L，均值为 0.7mg/L。与沼泽、泥炭、淤泥、煤以及石油等松散及固结的沉积物有关时，地下水中 DOC 大大增加，甚至超过 1000mg/L。微生物通过将有机物氧化为 CO_2 获得能量维持生存及繁殖。微生物及有机质的存在，促进多种生物地球化学作用。原先被认为是无机的化学作用，现在认识到大多是有机的生物化学作用。

4.2　地下水化学成分的形成作用

大气降水是地下水的主要来源，其次是地表水。这些水在进入含水层之前，已经含有某些物质。

靠近海岸处的大气降水，Na^+ 和 Cl^- 含量较高（这时可出现低 TDS 的以氯化物为主的水）。而内陆的大气降水一般夹杂着大量尘埃，一般以 Ca^{2+} 与 HCO_3^- 为主。初降雨水或干旱区雨水中杂质较多，而雨季后期与湿润地区的雨水杂质较少。大气降水的 TDS 一般为 $0.02\sim0.05g/L$；海边与干旱区较高，分别可达 $0.1g/L$ 及 $n×0.1g/L$。

4.2.1　溶滤作用

溶滤作用是指水与岩土相互作用，使岩土中一部分物质转入地下水中。溶滤作用的结果，岩土失去一部分可溶物质，地下水则补充了新的组分。

根据水分子结构示意图看出，水是由一个带负电的氧离子和两个带正电的氢离子组成的。由于氢和氧分布不对称（见图 4-1），在接近氧原子一端形成负极，氢原子一端形成正极，成为偶极分子。岩土与水接触时，组成结晶格架的盐类离子，被水分子带相反电荷的一端所吸引；当水分子对离子的引力足以克服结晶格架中离子间的引力时，离子脱离晶架，被水分子所包围，溶入水中（见图 4-2）。

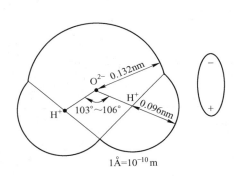

图 4-1　水分子结构示意图

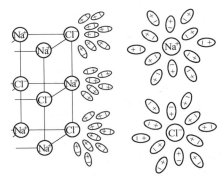

图 4-2　水溶解盐类过程示意图

事实上，当矿物盐类与水溶液接触时，会同时发生溶解作用与结晶作用，这是两种方向相反的作用。前者使离子由结晶格架转入水中，后者使离子由溶液中固着于晶体格架上。随着溶液中盐类离子增加，结晶作用加强，溶解作用减弱。当同一时间内溶解与析出的盐量相等时，溶液达到饱和。此时，溶液中某种盐类的含量即为其溶解度。

不同盐类具有不同的溶解度，这是由于结晶格架中离子间的吸引力不同导致的。随着温度上升，结晶格架内离子的振荡运动加剧，离子间引力削弱，水的极化分子易于将离子从结晶格架上拉出。因此，盐类溶解度通常随温度上升而增大（见图 4-3）。但是，某些盐类例外，如 $Na_2SO_4 \cdot 10H_2O$ 在温度上升时，由于矿物结晶中的水分子逸出，转化为 Na_2SO_4 离子间引力增大，溶解度反而降低；$CaCO_3$ 及 $MgCO_3$ 的溶解度也随温度上升而降低，这与下面提及的脱碳酸作用有关。

岩土的组分转入水中，取决于一系列因素。（1）取决于组成岩土矿物的溶解度。例如，含岩盐沉积物中的 NaCl 将迅速转入地下水中，而以 SiO_2 为主要成分的石英岩，却很难溶于水。（2）岩土的空隙特征是影响溶滤作用的另一因素。缺乏裂隙的基岩，水难与矿物盐类接触，溶滤作用很难发生。（3）水的溶解能力决定着溶滤作用的强度。水对某种盐类的溶解能力随此盐类浓度的增加而减弱。某一盐类的浓度达到其溶解度时，水对此盐类便失去溶解能力。因此，总的说来，TDS 低的水溶解能力强，而 TDS 高的水溶解能力弱。（4）水中溶解气体 CO_2、O_2 等的含量决定着某些盐类的溶解能力。水中 CO_2 含量越高，溶解碳酸盐及硅酸盐的能力越强；O_2 的含量越高，溶解硫化物

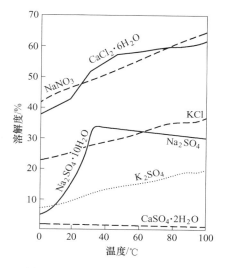

图 4-3　盐类溶解度与温度的关系

的能力越强。（5）水的流动状况是影响其溶解能力的关键因素。流动停滞的地下水，随着时间推移，水中溶解盐类增多，CO_2、O_2 等气体耗失，最终将失去溶解能力，溶滤作用便告终止。地下水流动迅速时，含有大量 CO_2 和 O_2 的低 TDS 的大气降水和地表水，不断入渗更新含水层中原有的溶解能力降低的水，地下水便经常保持强的溶解能力，岩土中的组分不断向水中转移，溶滤作用持续进行。

由此可知，地下水的径流与交替强度是决定溶滤作用最活跃、最关键的因素。那么，是否溶滤作用越强烈，地下水中的化学组分含量就越多呢？实际情况恰恰与此相反。

溶滤作用是一定自然地理与地质环境下的历史过程。剥蚀出露的岩层，接受降水及地表水的入渗补给而开始其溶滤过程。设想岩层中原来含有包括氯化物、硫酸盐、碳酸盐及硅酸盐等各种矿物盐类。开始阶段，氯化物最容易由岩层转入水中，而成为地下水中主要化学组分。随着溶滤作用延续，岩层含有的氯化物不断转入水中而贫化，相对易溶的硫酸盐成为迁入水中的主要组分。溶滤作用长期持续，岩层中保留下来的几乎只是难溶的碳酸盐及硅酸盐，地下水的化学成分当然也就以碳酸盐及硅酸盐为主了。因此，一个地区经受溶滤越强烈，持续时间越长久，地下水的 TDS 越低，越是以难溶离子为其主要成分。

溶滤作用不仅呈现出时间变化，还呈现出空间差异性。气候越是潮湿多雨，地形切割越强烈，地质构造的开启性越好，岩层的导水能力越强，地下径流与水交替越迅速，岩层经受的溶滤便越充分，易溶盐类越贫乏，地下水的 TDS 越低，难溶离子的相对含量越高。

4.2.2　浓缩作用

流动的地下水，将溶滤获得的组分从补给区输运到排泄区。干旱半干旱地区的平原与盆地的低洼处，地下水位埋藏不深，蒸发成为地下水的主要排泄去路。蒸发作用只排走水分，盐分仍保留在地下水中，随着时间延续，地下水溶液逐渐浓缩，TDS 不断增大。与此

同时，随着浓度增加，溶解度较小的盐类在水中达到饱和而相继沉淀析出，易溶盐类的离子逐渐成为主要成分。

在没有蒸发浓缩以前，地下水为低 TDS 水，阴离子以重碳酸盐为主，居第二位的是 SO_4^{2-}，Cl^- 的含量很小，阳离子以 Ca^{2+} 与 Mg^{2+} 为主。随着蒸发浓缩，溶解度小的钙、镁重碳酸盐部分析出，SO_4^{2-} 及 Na^+ 逐渐成为主要成分。继续浓缩，水中硫酸盐达到饱和并开始析出，便将形成以 Cl^-、Na^+ 为主的高 TDS 水。

发生浓缩作用必须同时具备下述条件：干旱或半干旱的气候，有利于毛细作用的颗粒细小的松散岩土，低平地势下地下水位埋深较浅的排泄区。如此，水流源源不断地带来盐分，使地下水及土壤累积盐分。浓缩作用的规模，取决于地下水流系统的空间尺度，及其持续的时间尺度。

当具备上述条件时，浓缩作用十分强烈，有时可以形成卤水。例如，准噶尔盆地西部的艾比湖，湖水由地下水补给再经蒸发浓缩，TDS 为 $92 \sim 137 g/L$ 的卤水，阴离子以 SO_4^{2-} 及 Cl^- 为主，阳离子以 Na^+ 为主。

4.2.3 脱碳酸作用

地下水中 CO_2 的溶解度随环境变化而变化，其溶解度随温度升高及（或）压力降低而减小。当升温及（或）降压时，一部分 CO_2 便成为游离 CO_2 从水中逸出，这便是脱碳酸作用。脱碳酸的结果，$CaCO_3$ 及 $MgCO_3$ 沉淀析出，地下水中 HCO_3^- 及 Ca^{2+}、Mg^{2+} 减少，TDS 降低：

$$Ca^{2+} + 2HCO_3^- \longrightarrow CO_2\uparrow + H_2O + CaCO_3\downarrow \tag{4-9}$$

$$Mg^{2+} + 2HCO_3^- \longrightarrow CO_2\uparrow + H_2O + MgCO_3\downarrow \tag{4-10}$$

深部地下水上升成泉，泉口往往形成钙化，便是脱碳酸作用的结果。温度及压力较高的深层地下水，上升排泄时发生脱碳酸作用，Ca^{2+}、Mg^{2+} 从水中析出，阳离子通常转变为以 Na^+ 为主。

4.2.4 脱硫酸作用

在还原环境中，当有有机质存在时，脱硫酸细菌促使 SO_4^{2-} 还原为 H_2S：

$$SO_4^{2-} + 2C + 2H_2O \longrightarrow H_2S + 2HCO_3^- \tag{4-11}$$

这将会使地下水中 SO_4^{2-} 减少以至消失，HCO_3^- 增加，pH 值变大。

封闭的地质构造，如储油构造，是产生脱硫酸作用的有利环境。因此，某些油田水中出现 H_2S，而 SO_4^{2-} 含量很低。这一特征可以作为寻找油田的辅助标志。

4.2.5 阳离子交替吸附作用

黏性土颗粒表面带有负电荷，将吸附地下水中某些阳离子，而将其原来吸附的部分阳离子转为地下水中的组分，这便是阳离子交替吸附作用。

不同的阳离子，其吸附于岩土表面的能力不同，按吸附能力，自大而小顺序为：$H^+ > Fe^{3+} > Al^{3+} > Ca^{2+} > Mg^{2+} > K^+ > Na^+$。离子价越高，离子半径越大，水化离子半径越小，则吸附能力越大。H^+ 则是例外。

当含 Ca^{2+} 为主的地下水，进入主要吸附有 Na^+ 的岩土时，水中的 Ca^{2+} 便置换岩土所吸附的一部分 Na^+，使地下水中 Na^+ 增多而 Ca^{2+} 减少。

地下水中某种离子的相对浓度增大，则该种离子的交替吸附能力（置换岩土所吸附的离子的能力）也随之增大。例如，当地下水中以 Na^+ 为主，而岩土中原来吸附有较多的 Ca^{2+}，那么，水中的 Na^+ 将反过来置换岩土吸附的部分 Ca^{2+}。海水侵入陆相沉积物时，便是如此。

显然，阳离子交替吸附作用的规模取决于岩土的吸附能力；而后者决定于颗粒的比表面积。颗粒越细，比表面积越大，交替吸附作用越强。因此，黏土及黏土岩类最容易发生交替吸附作用，而在致密的结晶岩中，不会发生这种作用。

4.2.6 混合作用

海滨、湖畔或河边，地表水往往混入地下水中；深层地下水补给浅部含水层时，则发生两种地下水的混合。成分不同的两种水汇合在一起，形成化学成分不同的地下水，便是混合作用。混合作用有化学混合及物理混合两类：前者是两种成分发生化学反应，形成化学类型不同的地下水；后者只是机械混合，并不发生化学反应。

混合作用的结果，可能发生化学反应而形成化学类型完全不同的地下水。例如，当以 SO_4^{2-}、Na^+ 为主的地下水，与 HCO_3^-、Ca^{2+} 为主的水混合时：

$$Ca(HCO_3)_2 + Na_2SO_4 \longrightarrow CaSO_4\downarrow + 2NaHCO_3 \tag{4-12}$$

石膏沉淀析出后，形成以 HCO_3^- 及 Na^+ 为主的地下水。

当然，两种水的混合也可能不产生化学反应，例如，高 TDS 氯化钠型海水混入低 TDS 重碳酸钙镁型地下水，便是如此。此时，可以根据混合水的 TDS 及某种组分含量，求取两种水的混合比例。当混合水的温度及（或）同位素组分不同时，也可求取其混合比例。

4.2.7 人类活动在地下水化学成分形成中的作用

近年来，人类活动对地下水化学成分的影响越来越大。主要表现在两方面：一方面，人类生活与生产活动产生的废弃物污染地下水；另一方面，人为作用大规模地改变了地下水形成条件，从而使地下水化学成分发生变化。

工业生产的废气、废水与废渣以及农业上大量使用化肥农药，使天然地下水富集了原来含量很低的有害元素，如酚、氰、汞、砷、铬、亚硝酸等。

人为作用通过改变形成条件而使地下水水质变化表现在以下各方面：滨海地区过量开采地下水引起海水入侵，不合理的打井采水使咸水运移，这两种情况都会使淡含水层变咸。干旱半干旱地区不合理地引入地表水灌溉，会使浅层地下水位上升，引起大面积次生盐碱化，并使浅层地下水变咸。原来分布地下咸水的地区，通过挖渠打井，降低地下水位，使原来主要排泄去路由蒸发改为径流排泄，从而逐步使地下水水质淡化。在这些地区，通过引来区外淡的地表水，以合理的方式补给地下水，也可使地下水变淡。

人类的一些活动对地下水产生严重影响，因此，防止人类活动对地下水水质的不利影响，采用人为措施使地下水水质向有利方向演变，越来越重要了。

4.3 地下水化学成分的基本成因类型

目前比较一致的结论：地球上的水圈是原始地壳生成后，氢和氧随同其他易挥发组分从地球内部层圈逸出而形成的。地下水起源于深部层圈，其成因类型主要有 3 种：溶滤水、沉积水和内生水。

4.3.1 溶滤水

溶滤水是指由富含 CO_2 和 O_2 的水渗入补给并溶滤其所流经岩土而获得主要化学成分的地下水。其成分受岩性、气候、地貌等因素的影响。在大范围内，受气候控制而有分带性。

石灰岩、白云岩分布区的地下水，HCO_3^-、Ca^{2+}、Mg^{2+} 为其主要成分。含石膏的沉积岩区，水中 SO_4^{2-} 与 Ca^{2+} 均较多。酸性岩浆岩地区的地下水，大都为 $HCO_3\text{-Na}$ 型水。基性岩浆地区，地下水中常富含 Mg^{2+}。煤系地层分布区与金属矿床分布区多形成硫酸盐水。由此可见，岩性对溶滤水的影响是显而易见的。

但是，如果认为地下水流经什么岩土，必定具有何种化学成分，那就把问题过于简单化了。岩土的各部分组分，其迁移能力各不相同。在潮湿气候下，原来含有大量易溶盐类（如 $NaCl$、$CaSO_4$）的沉积物，经过长时期充分溶滤，易迁移的离子淋洗比较充分，到后来地下水所能溶滤的主要是难以迁移的组分（如 $CaCO_3$、$MgCO_3$、SiO_2 等）。因此，在潮湿气候区，尽管原来地层中所含的组分很不相同，有易溶的与难溶的，但其浅表部在丰沛降水的充分淋滤下，最终浅层地下水很可能都是低矿化度重碳酸水，难溶的 SiO_2 在水中占到相当比重。另一方面，干旱气候下平原盆地的排泄区，由于地下水将盐类不断携来，水分不断蒸发，浅部地下水盐分不断积累，不论其岩性有何差异，最终都将形成高矿化的氯化水。从大范围来说，溶滤作用主要受控于气候，显示受气候控制的分带性。

气候控制的分带性往往受地形因素的干扰，这是因为在切割强烈的山区，流动迅速、流程短的局部地下水系统发育。地下水径流条件好，水交替迅速，即使在干旱地区也不会发生浓缩作用，因此常形成以低矿化的、难溶的离子为主的地下水。地势低平的平原与盆地，地下水径流微弱，水交替缓慢，地下水的矿化度与易溶离子均较高。

处于干旱地区的山间堆积盆地，地形、岩性、气候表现为统一的分带性，地下水化学分带也最为典型。山前地区气候相对湿润，颗粒比较粗大，地形坡度也大；向盆地中心，气候转为十分干旱，颗粒细小，地势低平。因此，地下水化学分带的特点为，盆地边缘洪积扇顶部为低矿化度重碳酸盐水，过渡地带为中等矿化硫酸盐水，盆地中心则是高矿化的氯化物水。

绝大部分地下水属于溶滤水。这不仅包括潜水，也包括大部分承压水。位置较浅或构造开启性好的含水系统由于其径流途径短，流动相对较快，溶滤作用发育，多形成低矿度的重碳酸盐水。构造较为封闭、位置较深的含水系统，则形成矿化度较高，易溶离子为主的地下水。同一含水系统的不同部位，由于经历条件与流程长短不同，水交替程度不同，从而出现水平的或垂直的水化学分带。

4.3.2　沉积水

沉积水（埋藏水）是在沉积过程中保存在成岩沉积物空隙中的水，即与沉积物大体同时形成的古地下水。

以海相淤泥沉积水为例，海相淤泥中通常含有大量有机质和各种微生物，处于缺氧环境，有利于生物化学作用。淤泥中水的化学特征是：矿化度很高，可达 300g/L；SO_4^{2-} 减少或消失；Ca^{2+} 含量相对增加，Na^+ 减少，$\gamma_{Na}/\gamma_{Cl}<0.85$；富集 Br、I、Cl/Br 变小；出现 H_2S、CH_4、铵、N_2；pH 值增高。显示出沉积初期与河、湖相具有不同的原始成分，在漫长的地质年代中水质又经历了一系列复杂的变化，如蒸发浓缩作用、脱硫酸作用、阳离子吸附交替作用等。海相淤泥在成岩过程中受到上覆地层的压力而密实时，其中所含的水一部分被挤压进入颗粒较粗且不易压密的相邻岩层，构成后沉积水，另一部分保留于淤泥中，这便是同生沉积水。

埋藏在地层中的沉积水，如果由于地壳的运动而出露于地表，或者由于开启性构造断裂使其与外界连通，经过长期入渗淋滤，沉积水可能完全被排走，为溶滤水所替换。在构造开启性不十分好时，补给区则分布低矿化的以难溶离子为主的溶滤水，较深处则出现溶滤水与沉积水的混合，深部仍为沉积水。

4.3.3　内生水

近年来，源自地球深部层圈的内生水逐渐为人们所重视。内生水又称原生水（初生水），是源自地球深部层圈的地下水，亦即来自地球内部在岩浆冷却等地质作用下形成的地下水。

内生水的研究迄今还不太成熟，但由于它涉及水文地质学乃至地质学的一系列重大理论问题，因此，今后水文地质学的研究领域将向地球深部层圈扩展，更加重视内生水的研究。

4.4　地下水化学成分的分析内容与分类图示

4.4.1　地下水化学分析内容

地下水化学成分的分析是研究的基础，其分析项目一般可包括：物理性质（温度、颜色、透明度、嗅、味等）、HCO_3^-、SO_4^{2-}、Cl^-、CO_3^{2-}、NO_3^-、NO_2^-、Ca^{2+}、Mg^{2+}、Na^+、K^+、NH_4^+、Fe^{3+}、Fe^{2+}、Mn^{2+}、H_2S、CO_2、COD、BOD_5、总硬度、pH 值、干涸残余物、电导率、氧化还原电位等。除 pH 值、电导率（$\mu S/cm$）、氧化还原电位（mV）外，其余单位为 mg/L 或 mmol/L。

地下水专项分析项目应根据研究目的、水的用途及水质要求确定，例如矿泉分析、饮用水分析等应按照国家现行标准进行。

4.4.2　地下水化学分类与图示方法

地下水化学分类方法与图示方法多种多样，通常采用舒卡列夫分类，该分类方法是根据地下水中 6 种主要离子（Ca^{2+}、Mg^{2+}、Na^+、HCO_3^-、SO_4^{2-}、Cl^-（K^+ 合并于 Na^+））及矿化度划分的。

具体步骤如下：

（1）根据水质分析结果，将 6 种主要离子中含量（mmol/L）大于 25% 的阴离子和阳离子进行组合，可组合出 49 型水，并将每型用一个阿拉伯数字作为代号。

（2）按矿化度（M）的大小划分为 4 组：A 组，$M \leqslant 1.5g/L$；B 组，$1.5g/L < M \leqslant 10g/L$；C 组，$10g/L < M \leqslant 40g/L$；D 组，$M > 40g/L$。

（3）将地下水化学类型用阿拉伯数字（1~49）与字母（A、B、C 或 D）组合在一起的表达式表示。例如，1-A 型，表示矿化度（M）不大于 1.5g/L 的 HCO_3-Ca 型水，沉积岩地区典型的溶滤水；49-D 型，表示矿化度大于 40g/L 的 Cl-Na 型水，该型水可能是与海水及海相沉积有关的地下水或是大陆盐化潜水（见表 4-3）。

表 4-3　舒卡列夫分类一览表

离子	HCO_3	HCO_3+SO_4	HCO_3+SO_4+Cl	HCO_3+Cl	SO_4	SO_4+Cl	Cl
Ca	1	8	15	22	29	36	43△
Ca+Mg	2	9	16	23	30	37	44
Mg	3	10	17△	24△	31	38△	45
Ca+Na	4	11	18	25	32	39	46
Na+Ca+Mg	5	12	19	26	33	40	47
Na+Mg	6	13	20△	27	34	41	48
Na	7	14	21	28	35	42	49

注：△表示未发现。

思 考 题

4-1　名词解释

总溶解固体（TDS），矿化度，溶滤作用，浓缩作用，脱碳酸作用，脱硫酸作用，混合作用

4-2　简答题

（1）水中主要离子的来源有哪些？

（2）简述发生浓缩作用应具备的条件。

（3）叙述地下水化学成分舒卡列夫分类的原则、命名方法及优缺点。

（4）简述溶滤作用的影响因素。

4-3　材料题

（1）某第四纪沉积物覆盖下的花岗岩中出露一温泉，假定承压含水层满足等厚、均质、各向同性，其渗透系数为 15m/d，有效孔隙度为 0.2，沿着水流方向的补给区内观测孔 A 和泉出露点 B 间距 $L = 1200m$，其水位标高分别为 $H_A = 5.4m$，$H_B = 3.0m$。

泉出露点 B 的地下水化学分析的结果见表 4-4，补给区内观测孔 A 的水化学分析的结果见表 4-5。

表 4-4 温泉水化学分析结果

离 子		含量/g · L⁻¹	毫克当量/L	毫克当量/%	其他成分
阳离子	Na⁺	50.90	2.19	92.0	H_2S：5mg/L 矿化度：500mg/L 水温：16℃ 流量：2.6L/s
	Ca²⁺	3.0	0.15	6.30	
	Mg²⁺	0.49	0.04	1.70	
	总计	54.39	2.38	100.0	
阴离子	Cl⁻	8.50	0.24	10.0	
	SO₄²⁻	7.0	0.14	6.0	
	HCO₃⁻	122.20	2.0	84.0	
	总计	137.70	2.38	100.0	

表 4-5 补给区地下水水化学分析结果

离 子		含量/mg · L⁻¹	毫克当量/L	毫克当量/%	其他成分
阳离子	Na⁺	6.60	0.28	12.0	CO_2：11mg/L 矿化度：300mg/L 水温：14℃
	Ca²⁺	40.0	2.0	84.0	
	Mg²⁺	1.15	0.10	4.0	
	总计	47.75	2.38	100.0	
阴离子	Cl⁻	6.74	0.19	8.0	
	SO₄²⁻	21.50	0.43	18.0	
	HCO₃⁻	107.54	1.76	74.0	
	总计	135.78	2.38	100.0	

（2）根据表 4-6 和表 4-7 回答下列问题：

1）试求地下水的渗透速度和实际速度。

2）分别写出两水样的库而洛夫式。

3）利用舒卡列夫分类法对两水样进行分类命名。

4）试分析由补给区到排泄区地下水可能经受的化学成分形成作用。

表 4-6 舒卡列夫分类表

超过 25% 毫克 当量百分数的 离子成分	HCO₃⁻	HCO₃⁻+SO₄²⁻	HCO₃⁻+SO₄²⁻+Cl⁻	HCO₃⁻+Cl⁻	SO₄²⁻	SO₄²⁻+Cl⁻	Cl⁻
Ca	1	8	15	22	29	36	43
Ca+Mg	2	9	16	23	30	37	44
Mg	3	10	17	24	31	38	45
Na+Ca	4	11	18	25	32	39	46
Na+Ca+Mg	5	12	19	26	33	40	47
Na+Mg	6	13	20	27	34	41	48
Na	7	14	21	28	35	42	49

表 4-7　舒卡列夫分类中的矿化度分级表

组别	矿化度/g·L^{-1}
A	<1.5
B	1.5~10
C	10~40
D	>40

5 地下水系统及其循环特征

地下水系统是由含水系统和流动系统构成的统一体。本章依据系统理论，阐述了地下水系统的概念、地下水含水系统和流动系统的特征、地下水系统的输入（地下水的补给）和输出（地下水的排泄）、各循环要素的影响因素等，是地下水资源评价的基础理论。

地下水积极参与水循环，与外界交换水量、能量、热量和盐量。补给、排泄与径流决定着地下水水量和水质的时空分布。根据地下水循环位置，可分为补给区、径流区、排泄区。径流区是含水层中的地下水从补给区至排泄区的流经范围。

水文地质条件是地下水埋藏、分布、补给、径流和排泄条件、水质和水量及其形成地质条件等的总称。

5.1　地下水系统

5.1.1　地下水系统的概念

系统是由相互作用和相互依赖的若干个组成部分按一定规则结合而成的具有特定功能的整体，可以认为是诸要素以一定的规则组织起来并共同行动的整体。要素是构成系统的基本单元，是构成系统的物质实体。系统存在物质、能量、信息的输入，经过系统的变换，向环境产生物质、能量和信息的输出。环境对系统的作用称为激励，系统在接受激励后对环境的反作用称为响应。环境的输入经过系统变换而产生对环境的输出，取决于系统的结构。结构是物质系统内部各组成要素之间的相互联系和相互作用的方式，表现为各要素在时间上的先后顺序和在空间上一定排列组合的次序。结构决定功能，为基础；功能对结构具有反作用。

地下水含水系统和地下水流动系统的统一称地下水系统，是地下水介质场、流场、水化学场和温度场的空间统一体。地下水含水系统是指由隔水层或相对隔水层圈闭的、具有统一水力联系的含水岩系，亦即地下水赋存的介质场。地下水流动系统是指由源到汇的流面群构成的、具有统一时空演变过程的地下水体（见图5-1），是地下水的流场、水化学场、温度场的统一体。

地下水系统是由若干个具有统一独立性而又互相联系、互相影响的不同级次的亚系统或子系统组成的，是水文系统的一个组成部分，与降水、地表水系统存在密切联系，互相转化，具有各自的特征与演变规律。地下水系统包括水动力系统和水化学系统等。

5.1.2　地下水含水系统与地下水流动系统的比较

随着人们认识的提高，逐渐提出了含水系统与流动系统的概念。含水系统与流动系统

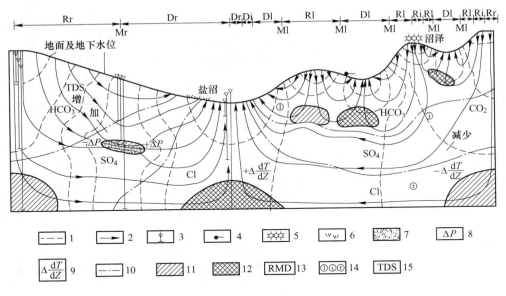

图 5-1　区域地下水系统及其伴生标志

1—等水位线；2—流线；3—底部进水的井及其终孔水位；4—泉；5—耐旱植物；6—喜水植物；
7—渗透性良好的部位；8—负值为动水压力小于静水压力，正值为动水压力大于静水压力；
9—负值为地温梯度偏低，正值为偏高；10—水化学相界线；11—准滞流带；12—水力捕集；
13—补给区、中间区及排泄区；14—局部的、中间的及区域的地下水系统；15—总溶解性固体

是内涵不同的两类系统，但也有共同点，两者从不同角度揭示了地下水赋存与运动的系统性（整体性）。含水系统的整体性体现于它具有统一的水力联系，存在于同一含水系统中的水是个统一的整体，在含水系统中的任何一部分加入（补给）或排出（排泄）水量，其影响均将波及整个含水系统。含水系统是一个独立而统一的水均衡单元，是一个三维系统；可用于研究水量乃至盐量和热量的均衡。边界属于地质零通量边界，为隔水边界，是不变的。

　　地下水流动系统的整体性，体现于统一有序的水流。沿着水流方向，盐量、热量和水量发生有规律的演变，呈现统一的时空有序结构；它以流面为边界，边界属于水力零通量边界，是可变的，因此与三维的含水系统不同，流动系统是时空四维系统。

　　含水系统与流动系统都具有级次性，任意含水系统或流动系统都可能包含不同级次的子系统，图 5-2 为由隔水基底所限制的沉积盆地构成的一个含水系统，由于存在一个比较连续的相对隔水层，因此含水系统可划分为两个子含水系统。此沉积盆地中发育了两个流动系统，其中一个为简单流动系统，另一个为复杂流动系统，后者可分为区域、中间和局部的流动系统。

　　从图 5-2 可以看出，同一空间中含水系统和流动系统的边界是相互交叠的。流动系统可以穿越子含水系统，子含水系统的边界也可以限制流动系统的穿越。

　　控制含水系统发育的因素主要是地质结构。控制地下水流动系统发育的因素主要是水势场，由自然地理因素控制，在人为影响下会发生很大变化。强烈的人工开采会形成一个新的流线指向开采中心的辐辏地下水流动系统。由于强烈的势场变化，流线普遍穿越相对

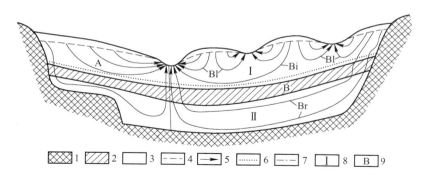

图 5-2 地下水流动系统与含水系统

（Br、Bi、Bl 分别为流动系统 B 区域的、中间的和局部的子流动系统）

1—隔水基底；2—相对隔水层（弱透水层）；3—透水层；4—地下水位；5—流线；6—子含水系统边界；
7—流动系统边界；8—子含水系统代号；9—子流动系统代号

隔水层。不过，无论人为影响加强到什么程度，新的地下水流动系统发育的范围不会超过大的含水系统的边界。

5.1.3 地下水水流系统的水动力特征

重力势能差异是地下水运动的主要驱动力。地下水获得补给时，水位抬升，重力势能增加。不同地形部位的地下水，接受补给时，重力势能积累条件不同：地形高的补给区，随着补给而势能不断积累；地形低洼的排泄区，地下水或者无法接受补给，或者接受补给的同时排泄增大，势能难以积累。因此，地形高处构成势源，地形低处则构成势汇。地形通常控制着重力势能的空间分布。Toth 将受地形控制的重力势能称之为地形势（topographic potential）。

在静止的地下水体中，各处水头相等。流动的地下水体中，水头随流程变化。补给区（势源）流线自上而下，在垂直断面上，随着深度增加水头降低；任一点的水头均小于静水压力。反之，排泄区（势汇）流线上升，垂直断面上，沿流程水头自下而上不断降低；任一点的水头均大于静水压力。在中间地带，流线接近水平延伸，垂直断面各点水头基本相等，即等于静水压力。

以往人们难以接受地下水的垂向运动，原因是不理解在"非承压"条件下，地下水可以由低处流向高处。对此，Engelen 作了解释，势能包括位能及压能两部分，地下水在向下流动时，除了释放势能以克服黏滞性摩擦外，还将一部分势能以压能形式（通过压缩水的体积）储存起来。而在做上升运动时，则通过水的体积膨胀，将以压能形式储存的势能释放出来做功。在做水平流动时，由于上游的水头总比下游高，通过释放势能克服黏滞性摩擦阻力。

传统观点认为，只有承压水才具有超过静水压力的水头。因此，只有在承压含水系统中，才能打出自流井。其实，即使是无压含水层，上升水流部分水头总是高出静水压力，只要有合适的地形条件，同样可以打成自流井。

5.2 地下水含水系统与流动系统

5.2.1 地下水含水系统

地下水含水系统主要受地质结构的控制。在松散沉积物与坚硬基岩中的含水系统有一系列不同的特征。松散沉积物构成的含水系统发育于近代构造沉降堆积盆地中，其边界通常为不透水的坚硬岩石，含水系统内部一般不存在完全隔水岩层，含水层之间既可以通过"天窗"也可以通过相对隔水层越流产生广泛的水力联系。

基岩构成的含水系统总是发育于一定的构造之中，固结良好的泥质岩石构成良好的隔水层，岩相的变化导致隔水层尖灭，或者导致水断层使若干个含水层发生联系，则数个含水层构成一个含水系统，显然，这种情况下，含水系统各部分的水力联系是不同的。另外，同一个含水层也可以由于构造的原因形成一个以上的含水系统。

含水系统是由隔水或相对隔水岩层圈闭的，并不是说它的全部边界都是隔水的或相对隔水的。除了极少数封闭的含水系统外，通常含水系统总有些向外界环境开放的边界，以接受补给与排泄。含水系统在概念上是含水层系统的扩大。

5.2.2 地下水流动系统

J. Toth 在严格的假定条件下，利用解析解绘制了均质各向同性潜水盆地中理论地下水系统，得出均质各向同性潜水盆地中出现 3 个不同级次的流动系统，即局部的、中间的和区域的流动系统。此后层状非均质介质场的地下水流动系统也被绘制出来。

地下水流动系统理论，是以势场及介质场的分析为基础，将渗流场、化学场和温度场统一于新的地下水流动系统概念框架之中。

5.2.2.1 水动力特征

地下水在流动中必须消耗机械能以克服黏滞性摩擦，主要驱动力是重力势能，源于地下水的补给。大气降水或地表水转化为地下水时，便将相应的重力势能加之于地下水。不同部位重力势能的积累有所不同。地形低洼处通常为低势区——势汇，地势高处为势源，由地形控制的势能叫地形势。

静止水体中各处的水头相等，而在流动的水体中则不然，势源处流线下降，在垂直断面上自上而下，水头越来越低，任意点的水头均小于静水压力；反之，势汇处流线上升，垂向上由下而上，水头由高而低，任意点的水头均大于静水压力；中间地带流线成水平延伸，垂直断面各点水头均相等，并等于静水压力。

介质场中地下水流动系统发育规律表现为，同一介质场中存在两种或更多的地下水流动系统时，它们所占据的空间大小取决于两个因素：（1）势能梯度（I），等于源、汇的势差除以源、汇的水平距离，I 越大，其地下水所占据的空间也大；（2）介质渗透系数（K），渗透性好，发育于其中的流动系统所占据的空间就大。

在各级流动系统中，补给区的水量通过中间区输向排泄区。与中间区相比，补给区水分不足，排泄区水分过剩。

5.2.2.2 水化学特征

在地下水流动系统中任意一点的水质取决于：输入水质、流程、流速、流程上遇到的物质及其可迁移性、流程上经受的各种水化学作用。

地下水流动系统中，水化学存在垂直分带和水平分带。不同部位发生的主要化学作用不同，溶滤作用存在于整个流程，局部系统、中间及区域系统的浅部属于氧化环境，深部属于还原环境，上升水流处因减压将产生脱碳酸作用。黏性土易发生阳离子交替吸附作用。不同系统的汇合处，发生混合作用。干旱和半干旱地区的排泄区，发生蒸发浓缩作用。系统的排泄区是地下水水质复杂变化的地段。

5.2.2.3 水温度特征

垂向上，年常温带以下地温的等值线通常是上低下高。地下水流动系统中，补给区因入渗影响而水温偏低，排泄区因上升水流带来深部地热而水温偏高，地温梯度变大。对无地势异常区，可根据地下水温度的分布，判定地下水流动系统。

可利用介质场（取决于地层、构造、第四纪地质等因素）、势场（取决于地形、水文、气候等因素）、渗流场（地下水流动系统）、水化学场与水温度场的综合信息进行水文地质条件和地下水系统的研究。

5.2.3 不同介质中的地下水流系统

松散沉积物、裂隙基岩以及可溶岩中，地下水流系统各有其特点；控制水流系统的主导因素不同，研究方法也不相同。

5.2.3.1 岩溶水流系统

岩溶水流系统发育于可溶岩层中，初期，岩溶并不发育，渗透性不大，多形成若干个独立的局部水流系统；随着岩溶发育，势汇最强的岩溶水系统溯源袭夺，最终形成统一的区域性岩溶水流系统。我国南北方岩溶水流系统，大多受构造控制，以岩溶含水系统边界为其边界。南方厚层碳酸盐岩中，也可能发育指向岩溶基准面的地下河系。

岩溶水流系统大多受边界明确的构造控制，研究比较容易。因此，我国地下水流系统研究，初期大多是岩溶水流系统。

5.2.3.2 孔隙水流系统

我国有许多大型松散沉积物盆地，如松嫩平原、华北平原、长江下游平原、准噶尔盆地、塔里木盆地、柴达木盆地、河西走廊等。这些松散沉积物盆地，地质结构不同，地形特征不一，气候水文条件差异很大，发育的孔隙水流系统很不相同。

孔隙水流系统的研究最为复杂，主要原因是：（1）缺乏明显的系统边界；（2）介质场空间变化复杂；（3）地貌及微地貌影响下的势场变化复杂；（4）各级次含水系统与水流系统具有复杂的交错关系；（5）经历长期地质及自然地理演变，后期发育的水流系统的影响叠加于前期水流系统之上，重塑演变过程十分复杂；（6）大多受人为活动的强烈影响。

由于以上原因，辨识与重塑孔隙水流系统，相当困难。除了获取岩层渗透性、水位、水化学信息外，还需要进行地质自然地理演变及历史地理分析，应用环境同位素相对定年，进行数学模拟等综合手段。迄今为止，我国大型松散沉积物盆地的地下水流系统分析，还处于探索研究阶段。

5.2.3.3　裂隙水流系统

我国基岩裂隙水分布很广，但是，迄今为止，很少见到裂隙水流系统的研究成果。裂隙介质的不均匀性及非连续性，是辨识裂隙水流系统的难点。

图 5-3 所示为四川雅砻江官地水电站右岸剖面图。地层为发育裂隙的二叠系杏仁状玄武岩，岩层走向与剖面平行，倾角为 80°左右。从图 5-3 中可以看出，河谷附近深度 100 多米的钻孔，终孔水位高出地表或河水位 20~50m。据此，前人认为此处存在数层裂隙"承压水"，可能影响坝址的安全。

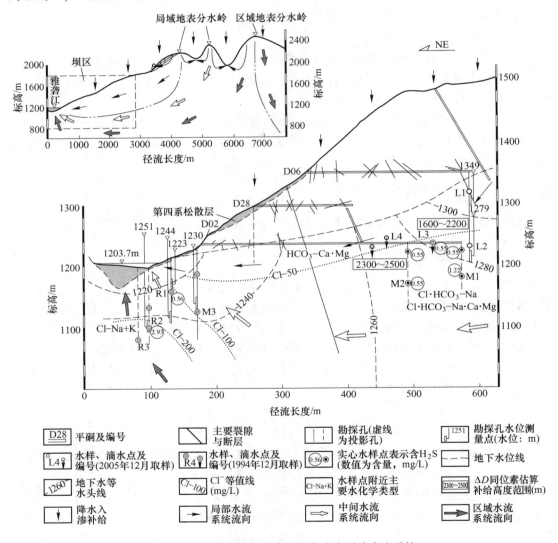

图 5-3　四川雅砻江官地二叠系玄武岩裂隙水流系统

二叠系玄武岩，作为喷发堆积地层，渗透性总体呈现层状非均质。如果地层是水平或倾斜的，有可能出现承压水；但是，接近垂直的地层出现"承压水"，令人费解。综合利用测压水位、水化学资料以及 ΔD 值推算补给高度后，编绘了图 5-3。从图 5-3 可以看出，这是一个十分典型的多级次裂隙水流系统。从左上方的区域剖面中，根据用 ΔD 值推算的补给高度，可以得出，河谷地带浅部为近程水流，深部为远程水流。投射到 *Piper* 三线图（见图 5-4）的水样明显分为 3 大组：（1）TDS 低、不含 H_2S 的 HCO_3-Ca·Mg 型水；（2）TDS稍高、多含 H_2S 的 Cl·SO_4-Na·Ca(Mg) 或 SO_4·Cl-Na 型水；（3）TDS 较高、含 H_2S 的 Cl-Na 型水。由此可以得出，不同级次裂隙水流系统：（1）浅部风化-卸荷裂隙带的局部水流系统；（2）中部构造裂隙带中间水流系统；（3）深部构造裂隙带的区域水流系统。Cl 离子含量，也是局部系统低，中间系统略高，区域系统高。需要说明的是，此处地下水 TDS 变化于 251.6~483.2mg/L；TDS 不高的水中 Cl 离子含量却相当高，与杏仁状玄武岩中 Cl 含量高这一特殊条件有关。

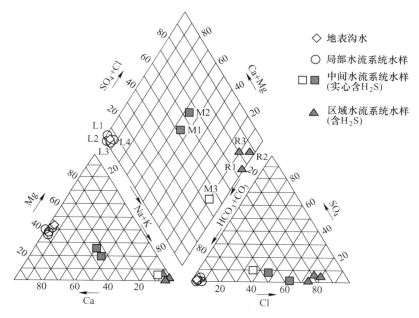

图 5-4　四川雅砻江官地二叠系玄武岩裂隙水流系统 Piper 三线图

在裂隙基岩山区的河谷地带，经常会出现钻孔深度愈大，测压水位愈高的现象，经常出现自流井。这种"承压"现象，既可能是裂隙水流系统的上升水流，也有可能是裂隙承压水，只有进行细致严谨的综合分析后，才能作出判断。

我们认为，地下水流系统理论为水文地质学提供了新的思维模式与方法，乃是当代水文地质学的核心概念框架。

5.3　地下水的补给

地下水通过补给及排泄，与外界交换物质与能量，保持生生不息的循环交替，支撑相关水文系统和生态环境系统的运行。

自然界中的地下水通过补给、径流和排泄等途径处于不断的运动之中，从而改变地下水的水量、盐量、能量和热量，这一过程通常称为地下水循环。地下水循环条件包括地下水的补给、径流和排泄条件。

地下水补给是指含水层或含水系统从外界获得水量的过程。地下水补给来源主要有大气降水、地表水、凝结水、相邻含水层之间的补给以及与人类活动有关的地下水补给等。地下水补给区是含水层出露或接近地表接受大气降水和地表水等入渗补给的地区。随着人类活动加剧，人工补给地下水也受到重视。

5.3.1　大气降水补给地下水

5.3.1.1　降水入渗补给量

降水落到地面，一部分蒸发返回大气层，一部分形成地表径流，另一部分渗入地下。后者中相当一部分滞留于包气带中，构成土壤水；补足包气带水分亏损后其余部分的水才能下渗补给含水层，成为补给地下水的入渗补给量（Q_{pr}）。

大气降水入渗补给的方式有两种。一种是活塞式下渗，指入渗水的湿润锋面整体向下推进，犹如活塞式的运移，其特点是降水入渗全部补充包气带水分亏缺后，其余的入渗水才能补给含水层，入渗补给过程中新水推动老水，老水先到达潜水面。另一种是捷径式入渗，指降水强度较大时，由于岩土质多为非均质，粒间孔隙、集合体间孔隙、根孔、虫孔、裂隙中的细小孔隙来不及吸收全部水分时，一部分入渗的雨水就沿着渗透性良好的大孔道优先快速下渗，并且水分沿下渗通道向周围的细小孔隙扩散。其特点是新水可超越老水向下运动，不必全部补充包气带水分亏缺。砂砾质土以活塞式下渗为主，黏性土中两者同时发生。

5.3.1.2　影响大气降水补给地下水的因素

影响大气降水补给地下水的因素比较复杂，其中主要有年降水总量，降水特征，包气带的岩性、厚度和含水量，地形，植被等。

（1）年降水总量。降水首先需要补足包气带的水分亏损，因此降水量小时补给地下水的有效降水量就小。年降水总量大，则有利于补给地下水。

（2）降水特征也影响降水入渗量的大小。降水特征主要指降水强度、延续时间。降水强度大、降水时间短，则地表径流多，补给地下水少；降水强度小、降水时间短，则仅够补给包气带的水分亏缺；降水强度合适、降水时间长，则有利于补给地下水。

（3）包气带渗透性较强，有利于地下水的补给。包气带厚度过大，包气带中滞留水分也较多，则不利于地下水的补给；但如果包气带厚度较小，毛细饱和带到达地面也不利于降水入渗补给。如果包气带的含水量大，则无须补给水分亏缺，地下水得到补给量可能会略大。

（4）地形坡度大，会使降水强度超过地面入渗速率，形成地表径流迅速流走，不利于补给地下水；地形平缓，甚至局部低洼，有利于滞积地表径流，增加地下水入渗补给的份额。

（5）森林、植被发育可滞留地表坡面流，保护土壤结构，有利于降水入渗补给地下水。

影响降水入渗补给地下水的因素也是相互制约的，互为条件的。如强岩溶化地区，即使地形陡峻，地下水位埋深达数百米，由于包气带渗透性强，连续集中的暴雨也可以全部被吸收。又如地下水埋深较大的平原，经长期干旱后，一般强度的降水不足以补足水分亏缺，集中的暴雨反而可成为地下水的有效补给来源。

5.3.2　地表水补给地下水

地表水补给地下水必须具备两个条件：（1）地表水水位高于地下水；（2）两者之间存在水力联系。地下水与地表水之间有着密切的水力联系，通常在山区地下水主要补给地表水，进入平原区后地表水补给地下水。有时江河的一侧接受地下水补给，而另一侧会补给地下水（见图5-5）。

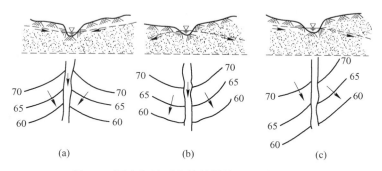

图 5-5　河水与地下水的补排关系（单位：m）

（a）地下水补给河水；（b）河水补给地下水；（c）左侧地下水补给河水，右侧河水补给地下水

地表水补给地下水时，补给量的大小取决于以下因素：透水河床的长度和浸水周界的乘积（相当于过水断面）、过水断面大小、河床的透水性、河水位与地下水的高差、河水过水时间等因素。过水断面大、河床的透水性好、河水位与地下水的高差大、河水过水时间长，则地下水获得的补给量就大。

5.3.3　大气降水及河水补给地下水水量的确定

5.3.3.1　大气降水入渗补给量的确定

A　平原区大气降水入渗补给量

$$Q_{\mathrm{pr}} = \alpha P_{\mathrm{r}} F \times 10^{3} \tag{5-1}$$

式中，Q_{pr} 为降水入渗补给地下水量，$\mathrm{m^3/a}$；P_{r} 为年降水量，$\mathrm{mm/a}$；α 为降水入渗系数，可采用地中渗透仪测定法和地下水动态资料推求法确定；F 为补给区面积，$\mathrm{km^2}$。

B　山区降水入渗补给量的确定

可通过测定地下水的排泄量反求其补给量，地下水排泄量包括河川基流量（泉流量）、潜流量、开采量、蒸发量等，其中河川基流量可以通过基流切割法确定。

5.3.3.2　河水补给地下水的数量确定

河水补给地下水的数量可采用下式计算：

$$Q_{\mathrm{sr}} = KIAt\sin\theta \tag{5-2}$$

式中，Q_{sr} 为河水渗漏补给地下水的量，$\mathrm{m^3/a}$；K 为渗透系数，$\mathrm{m/d}$；I 为水力梯度；A 为过水断面面积，$\mathrm{m^2}$；t 为补给时间，$\mathrm{d/a}$；θ 为河水流向与地下水流向之间的夹角，（°）。

为确定河水补给地下水的量，可在渗漏河段上、下游分别测定河水流量，则河水渗漏补给地下水量也可采用下式计算：

$$Q_{sr} = (q_u - q_d)t \tag{5-3}$$

式中，q_u、q_d 为河流上、下游测量断面处的流量，m^3/d；t 为河水补给地下水的时间，d/a。

5.3.4　凝结水的补给

沙漠地带，昼夜温差很大（撒哈拉沙漠昼夜温差可达 50℃），土壤散热快而大气散热慢，夜晚降温，地面及包气带浅部温度急剧下降，地面以及包气带浅部孔隙中一部分水汽凝结为液态水。气温下降到一定程度由气态水转化为液态水的过程称为凝结作用。凝结水是一种特殊的降水，是水分总收入的一部分，在水分平衡中起着一定的补充作用。

凝结水的分布受自然地带的影响，产生凝结水的多少随天气状况而不同，晴天比阴天多，它与风速、气温、地温成反比，与降水、相对湿度成正比。对植物的生长起着重要的作用，它可减弱植物叶面的蒸腾和夜间的呼吸作用，因而减少植物体内的水分消耗。凝结水来源于空气中的水汽和深部土壤水分，发生的时间基本在晚上至次日凌晨；影响凝结水产生的主要因素为近地面大气温度与地表土壤温度差、空气相对湿度、冻结期等，土壤的高含盐量也有利于凝结水的生成。一般情况下，凝结形成的地下水相当有限。但是，高山、沙漠等昼夜温差大的地方，凝结水对地下水补给很重要。

凝结水与温度、饱和湿度有密切的关系。温度越高，饱和湿度越大。当空气和土壤中水汽遇到温度急剧降低时，空气中的水汽才会凝结，据此认为凝结水补给的计算公式为：

$$W = W_1 + W_2 \tag{5-4}$$

$$W_1 = nH(S_0 - S_{10}) \tag{5-5}$$

$$W_2 = \int_{t_1}^{t_2} \left(-D \frac{\partial \rho}{\partial t} \right) dt \tag{5-6}$$

式中，W_1 为土壤孔隙中水汽凝结量，$t/(d \cdot m^2)$；W_2 为空气向土壤扩散的水蒸气量，$t/(d \cdot m^2)$；S_{10} 为土壤孔隙最低温度时的饱和湿度，t/m^2；S_0 为土壤孔隙中最大绝对湿度，t/m^2；H 为非饱和带厚度，m；n 为土壤的空隙率；D 为扩散系数，m^2/d；$\frac{\partial \rho}{\partial t}$ 为水蒸气密度梯度，$t/(d \cdot m^3)$；t 为时间，d。

5.3.5　含水层之间的补给

在水平方向上，相邻含水层之间可通过地下径流发生水量交换，侧向径流补给量（对于上游含水层而言为侧向径流排泄量）可采用达西定律计算：

$$Q_{1r} = KIBMt \tag{5-7}$$

式中，Q_{1r} 为地下水径流流入量，m^3/a；K 为含水层平均渗透系数，m/d；I 为地下水水力坡度；B 为垂直地下水流向的计算断面宽度，m；M 为天然情况下，潜水或承压水含水层厚度，m；t 为地下水径流补给时间，d/a。

在垂直方向上，潜水可以补给承压水，承压水也可以补给潜水。断层、钻孔都有利于补给。多层松散层中含水层通过天窗及越流发生补给（图 5-6）。能否发生越流的主要影响因素有上、下含水层之间的水头差、中间隔水层的渗透性及厚度、越流时间等。

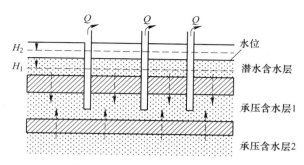

图 5-6　承压含水层的越流补给

越流量计算公式为:

$$Q_1 = FKIt = FK \frac{H_A - H_B}{M} t \tag{5-8}$$

式中, Q_1 为越流补给量, m^3/a; K 为弱透水层的渗透系数, m/d; M 为弱透水层的厚度, m; H_A、H_B 为含水层 A、B 的水头, m; I 为水力梯度; F 为越流面积, m^2; t 为越流时间, d/a。

5.3.6　地下水的其他补给来源

地下水的其他补给来源主要有水库渗漏、灌溉渗漏, 工业废水及生活污水的渗漏补给, 人工补给地下水。

5.3.6.1　水库渗漏

库水沿透水岩土带向库外低地渗水的现象称为水库渗漏。水库蓄水后, 水位升高, 回水面积增大, 库水充满库底和库边岩土体的空隙, 库周地下水位随之壅高。库水往往将通过松散岩土层的孔隙和坚硬岩层的层面、断层、节理裂隙、不整合面、溶隙溶洞、风化壳等渗流通道, 产生坝基及绕坝渗漏, 向邻谷洼地或坝下游等低地排泄, 使库水成为地下水的补给来源。通常会出现与库水位涨落密切相关的新泉, 原有泉、井、暗河出口的流量、承压水头增大等现象。

5.3.6.2　灌溉渗漏

灌溉渗漏包括灌溉渠系、灌溉田间渗漏补给地下水。灌溉用水目前仍是用水大户, 灌溉水一部分蒸发消耗, 一部分作为弃水排走, 其余则通过渗漏补给地下水, 成为灌区地下水的重要补给来源。

5.3.6.3　工业废水及生活污水的渗漏补给

由于目前工业废水及生活污水大部分没有进行处理便直接排放, 产生渗漏并补给地下水, 虽然增加了地下水的补给量, 但是加剧了地下水的污染。

5.3.6.4　人工补给地下水

人工补给地下水是指采用有计划的人为措施补充含水层的水量。人类利用不同的工程和方法, 使更多的地表水或其他类型的水转化为地下水。人工补给地下水的主要目的是: 补充与储存地下水资源, 抬升地下水位, 增加可利用地下水资源; 利用含水层多年调节功能调蓄地表水或雨洪水, 实现雨洪水资源化; 利用地层的自净能力改善供水水质; 储存热源、冷源, 在地热异常区或干热地层中通过人工注入冷水, 经地下循环, 加热成热水后再取出使用，或利用含水层年内温度变化小的特性，通过冬灌夏用或夏灌冬用，从而做到地下储冷或储热；通过人工回灌控制地下水水头，进而控制地面沉降；防止海水倒灌、咸水入侵，通过注水回灌，形成高于附近海水或高矿化地下水位的地下淡水帷幕，从而阻止海水或高矿化水对地下淡水的入侵等。

人工补给地下水的方式主要有：

（1）地面渗水法，即人为地引补给水至入渗池等地面工程，使之渗入地下，补给地下水；

（2）井回灌法，即通过各种井使补给水进入地下，补给地下水；

（3）坑池蓄水法，即利用各种类型的坑池进行蓄水，产生渗漏并补给地下水。

5.4   地下水的排泄

地下水的排泄是指含水层或含水层系统失去水量的过程。排泄方式有点状、线状和面状，包括泉向江河泄流、蒸发、蒸腾、径流及人工开采（井、渠、坑等）。含水层中的地下水向外部排泄的范围称为排泄区。

5.4.1   泉

泉是地下水的天然露头，是地下含水层或含水通道呈点状出露地表的地下水涌出现象，为地下水集中排泄形式。它是在一定的地形、地质和水文地质条件的结合下产生的。适宜的地形、地质条件下，潜水和承压水集中排出地面成泉。

泉往往是以一个点状泉口出现，有时是一条线或是一个小范围。泉水多出露在山区与丘陵的沟谷和坡角、山前地带、河流两岸、洪积扇的边缘和断层带附近，而在平原区很少见。泉水常常是河流的水源。在山区，如沟谷深切排泄地下水，会使许多清泉汇合成为溪流。在石灰岩地区，许多岩溶大泉本身就是河流的源头。

泉水流量主要与泉水补给区的面积和降水量的大小有关。补给区越大，降水越多，则泉水流量越大。泉水的流量随时间而变，一般在一年内某一时刻达到最大值，以后流量逐渐减小。泉可以单个出现，也可以成群出现，泉水的流量相差很大。

根据含水层性质可分为上升泉和下降泉（见图5-7），上升泉由承压含水层补给，下降泉由潜水含水层补给。根据出露原因，下降泉包括侵蚀下降泉、接触下降泉、溢流泉，上升泉包括侵蚀上升泉、断层泉、接触带泉。

下降泉是地下水受重力作用自由流出地表的泉；侵蚀泉是沟谷等侵蚀作用切割含水层而形成的泉；接触泉是由于地形切割沿含水层和隔水层接触处出露的泉；溢流泉是当潜水流前方透水性急剧变弱或由于隔水底板隆起使潜水流动受阻而溢出地表的泉；此外还有悬挂泉（属于季节泉），是由上层滞水补给在当地侵蚀基准面以上出露的泉。

上升泉是承压水的天然露头，是地下水在静水压力作用下上升并溢出地表的泉。上升泉按其出露原因，可分为侵蚀（上升）泉、断层泉及接触带泉。当河流、冲沟切穿承压含水层上部的隔水顶板时形成侵蚀（上升）泉；地下水沿断层带出露地表所形成的泉称为断层泉；地下水沿接触带冷凝收缩的裂隙上升成泉，则称为接触带泉。

此外，泉还有其他特殊的类型，例如，间歇泉是周期性间断地喷发热水和蒸汽的泉；

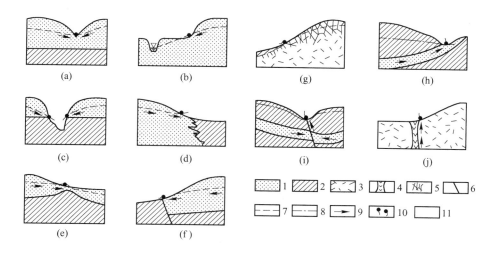

图 5-7 泉的类型

（a），（b）侵蚀下降泉；（c）接触下降泉；（d）～（g）溢流泉；（h）侵蚀上升泉；（i）断层泉；（j）接触带泉
1—透水层；2—隔水层；3—坚硬基岩；4—岩脉；5—风化裂隙；6—断层；7—潜水位；
8—测压水位；9—地下水位；10—下降泉；11—上升泉

多潮泉是在岩溶地区的岩溶通道中由于虹吸作用具有一定规律的周期性流出的泉；水下泉是地表水体以下岩石中流出的泉；矿泉是矿水的天然露头；冷泉是水温低于年平均气温的泉；温泉是水温超过当地年平均气温而低于沸点的泉；沸泉是温度约等于当地沸点的地热流体露头；全排泄型泉是排泄泉域内的全部地下水的泉；部分排泄型泉是排泄泉域内的部分地下水的泉。

泉水流量达到最大后，将随时间衰减，其衰减方程为：

$$Q = Q_0 e^{-at} \tag{5-9}$$

$$a = \frac{\pi^2 K h}{4 \mu L} \tag{5-10}$$

式中，Q 为泉水流量，m^3/d；Q_0 为泉水最大流量，m^3/d；a 为泉水衰减系数；μ 为给水度；L 为泉域长度，km；t 为时间，d；h 为潜水含水层厚度，cm；K 为渗透系数，m/d。

根据泉水的有关信息可以得出：（1）判明地下水的排泄条件；（2）判明含水层特征——环境；（3）说明地下水补给条件，圈定富水区；（4）判定山区泉域的含水性、导水性；（5）判定泉所在含水层的化学特征。

5.4.2 泄流

泄流是指河流切割含水层时地下水沿河呈带状向河流排泄的现象。泄流只在地下水位高于地表水位的情况下发生。泄流量的大小，取决于含水层的透水性能、河床切穿含水层的面积以及地下水位与地表水位之间的高差，可采用断面测流法、水文分割法和地下水动力学法确定。

地下水向地表水排泄，提供经常性补充水量的同时，还提供化学组分；某些情况下，对于维护地表水的生态系统，有重要意义。

5.4.3 蒸发与蒸腾

蒸发包括水面蒸发、土面蒸发和叶面蒸发（蒸腾），通常统称为蒸发蒸腾或蒸散发。蒸散发量的确定比较困难，可采用水均衡、水分通量等方法确定。

土壤蒸发是土壤中的水分由液态变成气态进入大气的过程，与气候、包气带岩性有关。

地下水蒸发是潜水以气体形式通过包气带向大气排泄水量的过程。潜水蒸发是潜水进入支持毛细水带，最后转化为气态形式进入大气的过程。可引起水中及土壤中积盐，产生盐渍化。

蒸腾指叶面蒸发，是植物生长过程中经由根系吸收水分并在叶面转化为气态水而进入大气中的过程。

在地下水以蒸发排泄为主的平原地区，水力梯度较小，当地下水位的下降主要由蒸发引起时，可采用潜水蒸发经验公式（阿维里扬诺夫公式）确定潜水的蒸发强度，公式为：

$$\varepsilon = \varepsilon_0 \left(1 - \frac{z}{z_0} \right)^n \tag{5-11}$$

$$\varepsilon = \mu \Delta H \tag{5-12}$$

式中，ε 为地下水（潜水）消耗于蒸发与蒸腾的强度，mm/d；ε_0 为 $z = 0$ 时水面蒸发强度，mm/d；z 为地下水位埋深，m；z_0 为地下水位临界埋深（$1 \leqslant z_0 \leqslant 5$），m；$n$ 为指数，一般 $1 \leqslant n \leqslant 3$；$\mu$ 为水位变动带给水度；ΔH 为由于蒸发蒸腾而产生的地下水位下降值，mm/d。

潜水蒸发的影响因素很多，也是决定土壤与地下水盐化程度的因素，包括气候、潜水埋藏深度、包气带岩性、地下水流动系统的规模等。气候越干燥、相对湿度越小，地下水蒸发就越强烈；潜水埋藏深度越浅，蒸发就越强烈，一般水位埋深小于 2.0m 时蒸发量显著增大，而随着水位埋深的增大，蒸发量也明显减弱；包气带岩性决定土的毛细上升高度和潜水蒸发速度，影响潜水蒸发，一般粉质亚黏土、粉砂等毛细上升高度较大、毛细上升速度较快，潜水蒸发最为强烈；地下水流动系统中干旱、半干旱地区的低洼排泄区是潜水蒸发最为强烈的地方。此外，蒸腾的深度还受植物根系分布深度的控制。

5.4.4 地下水的人工排泄

目前，许多地区人工开采地下水已经成为地下水的主要排泄途径，进而导致地下水循环发生了巨大变化。用井孔开采地下水、矿坑疏干、开发地下空间排水、农田排水等，都属于地下水人工排泄。随着现代化进程，我国许多地区，尤其是北方工农业发达地区，大强度开采地下水已经引起一系列不良后果，导致河流基流消减甚至断流，损害生态环境，引起与地下水有关的各种地质灾害。

据 2007 年《中国水资源公报》，全国总供水量 5818.7 亿立方米，比 2000 年增加 287.7 亿立方米。其中，地表水源供水量 4723.5 亿立方米，占总供水量的 81.8%；地下水源供水量（地下水开采量）1069.5 亿立方米，占总供水量的 18.38%；其他水源供水量 25.7 亿立方米，占总供水量的 0.44%。

5.5 含水层之间的排泄

主要指向相邻含水层的排泄，也称径流排泄，通常可采用达西公式确定。能否发生径流排泄，取决于两个含水层的水头差。

思 考 题

5-1 名词解释

地下水系统，地下水含水系统，地下水流动系统。

5-2 简答题

（1）松散沉积物中存在哪两种降水入渗形式，两者有什么不同？

（2）简述影响大气降水补给地下水大小的因素。

（3）简述影响地表水补给地下水大小的因素。

（4）地下水含水系统与地下水流动系统有哪些异同点？

（5）简述地下水流动系统的水动力特征。

6 地下水的动态与均衡

6.1 地下水动态与均衡的概念

含水层（含水系统）经常与环境发生物质、能量和信息的交换，时刻处于变化中。在与环境相互作用下，含水层各要素（如水位、水量、水化学成分、水温等）随时间的变化，称为地下水动态（ground water regime）。

某一时间段某一地段内地下水水量（盐量、热量、能量）的收支状况称为地下水均衡。地下水均衡研究的实质就是应用质量守恒定律分析参与水循环的各要素的数量关系（groundwater budget）。

地下水动态与均衡的关系是：地下水动态是地下水均衡的外在表现，地下水均衡是地下水动态的内在原因。

地下水动态的研究包括影响因素、类型及成果分析。地下水均衡的研究包括均衡区和均衡期的确定、均衡方程式的确定、各收支项的求取、均衡计算结果的校核与分析。

地下水动态监测及成果分析，可以解决一系列理论与实际问题：（1）检验并完善前期水文地质研究结论；（2）查明地下水资源数量、质量及其变化；（3）为数学模拟提供依据；（4）为拟定合理的地下水利用、防治方案及措施提供依据；（5）检验实施中的利用、防治方案及措施的合理性。地下水均衡研究，可以为拟定合理的地下水利用、防治方案及措施提供定量依据，检验并完善利用、防治方案及措施。

目前，我国国土资源部门累计建立地下水监测点 23800 多个，监测控制面积近 $1 \times 10^6 km^2$，主要集中在城市和大型供水水源地周围。水利、建设、环保、地震、农业与林业等部门也分别根据各自需要做了相关项目的地下水监测工作。

6.2 地下水动态的影响因素

6.2.1 地下水动态的形成机制

地下水动态是地下含水系统对外界激励（输入）转换后产生的响应（输出）。

6.2.2 影响地下水动态的因素

影响地下水动态的因素分为两类：一类是地下水诸要素（水量、盐量、热量、能量等）本身的收支变化，即外界激励（输入）因素；另一类是影响激励（输入）—响应（输出）关系的转换因素（影响地下水动态曲线具体形态的因素）；后者主要是地质因素。

以大气降水入渗补给抬升潜水位为例加以说明。一个降雨—地下水位抬升过程，可以看作一个脉冲转换为波形的过程。包气带的滤波作用，将一次降雨脉冲转换为一个时间滞后和时间延迟（延续）的地下水位波峰。波峰与降雨相对应，波峰出现和延续的时间，以及波峰形态，取决于包气带岩性及地下水埋藏深度。

图 6-1 所示为包气带岩性和厚度不同的条件下，地下水位对一次降雨的响应。图 6-1 中波形变化的水位分别代表不同类型包气带：1 为包气带渗透性良好（此时包气带厚度影响可以忽略），2 为包气带渗透性及厚度均为中等，3 为包气带渗透性低且厚度大。地下水位抬升对降雨的响应分别为：时间滞后及时间延迟都短的尖峰，时间滞后及时间延迟都属中等的波峰，时间滞后及时间延迟都很大的缓峰。连续若干次降雨，在一定条件下，可形成叠合波峰。

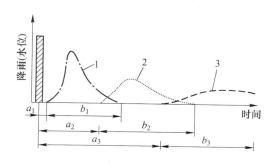

图 6-1　不同条件下地下水位对降雨的响应

a_1，a_2，a_3—地下水位波峰对降雨响应的时间滞后；b_1，b_2，b_3—地下水位波峰对降雨响应的时间延迟；

1—岩溶发育区；2—地下水埋藏深度中等的裂隙砂岩；3—地下水埋藏深度大于 100m 的黄土高原

含水层类型以及岩性等地质因素，也影响地下水位波峰的形态。

由此可见，通过地下水动态分析，不仅能够获取地下含水系统收支的信息，还能获取地下含水系统结构的信息。

地下水动态的本源因素是随时间变动的因素，包括气象（气候）因素、水文因素、生物因素、地质营力因素、天文因素等。

地下水动态的转换因素，主要是地质结构及水文地质条件。例如：地质构造、含水层类型、岩性、地下水埋藏深度等。转换因素只在地质时间尺度内变化，对地下水动态而言，是不随时间变动的因素。

值得注意的是，尽管地下水位变化经常意味着地下水储存量变化，但是，在某些情况下，地下水位的变化并不伴随地下水储存量的变化。例如，当地应力增强及外部荷载增大，导致地下水位抬升时，只是地下水能量变化，地下水储存量并无变化。

6.2.2.1　气象（气候）因素影响下的地下水动态

气象（气候）因素对地下水动态影响最为普遍。降水的数量及其时间分布，决定地下水水位与水量的时间变化。干旱半干旱平原和盆地，地下水以蒸散排泄为主，随着地下水水位和水量变化，水质也随时间有规律地变化。

在气象（气候）影响下，地下水动态呈现昼夜变化、季节变化、年际变化及多年变化。

地下水位的昼夜变化，可由蒸发及植物蒸腾引起。白天植物生长旺盛，蒸腾强烈，地下水位下降；夜晚蒸腾停止，得到来自周围地下水的补充，地下水位上升，由此引起的昼夜变幅可达数厘米。

我国大多数地区为季风气候，旱季及雨季分明，地下水水位呈现明显季节变化。夏季多雨，地下水位抬升达到最高，雨季过后，地下水通过蒸散及（或）径流排泄，至次年雨季以前，地下水位最低，全年地下水位呈单峰单谷形态（见图6-2）。

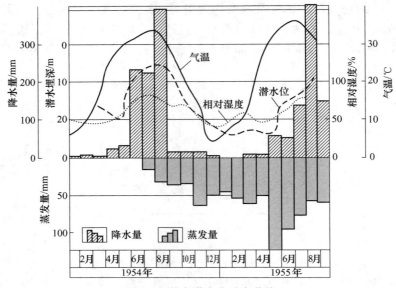

图6-2　某市潜水位动态曲线

气候的周期变化控制地下水动态的多年变化，其中，周期约为11年的太阳黑子变化，影响最为明显。太阳黑子平静期，降水丰沛，地下水位高，地下水储存量增加；太阳黑子活动期，降水稀少，地下水位低，地下水储存量减少（见图6-3）。

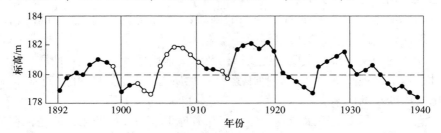

图6-3　苏联卡明草原地下水位多年变化曲线
（根据每年9月1日平水位资料编绘，实心点为实测水位，空心点为可能水位）

大型地下水供水工程设计，要考虑干旱周期地下水供水能力能否满足需求。大型地下水排水工程设计，则要满足湿润周期的排水要求。缺乏地下水动态长期观测资料时，可利用多年气象、水文资料以及历史资料推求。

大气压强可通过井孔影响周边小范围地下水位。大气压强变大，井孔水位降低；大气压强变低，井孔水位抬升。大气压强变化引起的潜水井孔水位变化很小，通常为1cm左右；大气压强变化引起的承压水井孔水位变化大，可超过10cm。大气压强引起的井孔水位变化，不能代表地下水真实水位变化，因此，也有人称之为"伪变化"。

6.2.2.2　水文因素影响下的地下水动态

河流补给地下水时，随着远离河流，地下水位抬升的时间滞后和延迟增大，波形趋于平缓（见图 6-4）。河岸及含水层的渗透性越强，地下水位响应的时间滞后和延迟越小；含水层给水度越大，波形越平缓。河流对地下水水质和温度的影响范围通常小于地下水位波动范围。

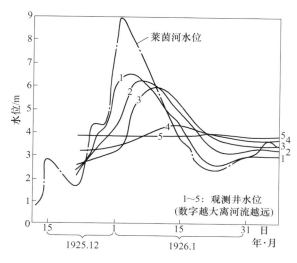

图 6-4　莱茵河洪水对潜水水位的影响

6.2.2.3　其他因素影响下的地下水动态

地震、固体潮、潮汐、外部荷载等都会引起地下水要素变化。

地震孕震及发震阶段的地应力变化，会引起地下水水位、化学成分、气体成分等变化。1975 年 2 月 4 日辽宁海城发生 7.3 级大地震，根据包括地下水动态在内的各种前兆，成功进行了地震预报，避免了大量伤亡。震前，附近地区地下水位上升随后下降，震后大幅度回升，如图 6-5 所示。1974 年 1 月起至地震发生，地下水出现氡（Rn）异常，如图 6-6 所示。

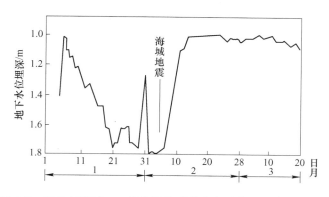

图 6-5　1975 年海城 7.3 级地震前后丹东文斌井地下水水位变化

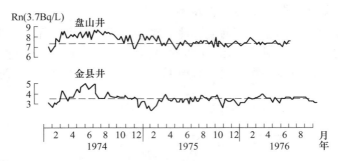

图 6-6　1975 年海城 7.3 级地震前后地下水 Rn 异常变化
（虚线为放射性活动性均值）

需要注意的是，地下水动态异常不一定是地震前兆，迄今为止，利用地下水动态异常预报地震的成功案例相当有限。正确鉴别地下水异常是否为地震前兆，仍是一个有待解决的课题。

内陆地区的承压含水层，可以观测到周期为 12h 的测压水位波动。这是由于月亮及太阳对地球表面的吸引而发生的固体潮引起。当月亮运行到某地中天时，承压含水层荷载减少，测压水位出现厘米级波动。满月月亮达到中天位置时，月亮和太阳对地球表面吸引力的合力最大，测压水位降低幅度最大。

海洋潮汐会增减承压含水层的荷载，使地下水位发生相应升降。例如，湛江市海潮引起的地下水位升降幅度为 0.1～1m，最大可达 2.5m。同理，火车停车及开动，会使附近承压含水层测压水位出现厘米级升降。

在上述各种情况下，外力通过改变含水层应力状态而引起地下水水位变化，并不伴随地下水储存量变化。

6.2.2.4　影响地下水动态的地质因素

如果将影响地下水动态的本源因素看作信息源，那么含水系统结构便是信息转换器，对输入信号进行滤波或增强，然后输出为我们观测到的地下水动态。具体而言，地质结构以及非变动性水文地质条件，是影响地下水动态的转换因素。

大气降水入渗补给抬升潜水位时，包气带岩性及厚度对降水脉冲起滤波作用。

饱水带岩性也会影响潜水位变幅大小。潜水储存量的变化，以给水度（饱和差）μ 与水位变幅 Δh 的乘积 $\mu \Delta h$ 表示。当入渗补给量相同时，给水度（饱和差）μ 越大，潜水位抬升值 Δh 便越小。承压含水层获得补充水量或能量时，储存量的变化以弹性给水度 μ_e（贮水系数 S）与测压水位变幅 Δh_c 的乘积 $\mu_e \Delta h_c$ 表示。由于弹性给水度比给水度小 1～3 个数量级，接受同量补给或增加同等应力时，承压水测压水位抬升幅度比潜水位大得多。

潜水含水层水位的变化，通过质量传输完成。承压含水层中测压水位的变化，则是压力传递的结果。压力传递速度远大于质量传输。例如，河水补给承压含水层时，测压水位的变化，滞后时间短，波及距离大。

承压含水层的隔水顶板限制了承压水和大气及地表水的联系，只能在有限的范围接受补给，因此，承压水水位动态变化通常小于潜水。构造越封闭，承压水的动态变化越不明显。

地下水流系统的不同部位，地下水位的波动幅度不同：区域系统的补给区，地下水位变幅最大，排泄区变幅最小；局部系统的补给区，地下水位变幅较大，排泄区变幅较小。原因在于：排泄区附近获得补给时，受排泄区高程限制，水力梯度显著增大，径流排泄明显加强，地下水位不可能明显抬升；补给区接受降水补给时，因远离排泄区，水力梯度无明显增加，径流增强也不大，水位得以累积抬升。随后，由排泄区向补给区，水力梯度溯源增大，补给区径流加强，水位逐渐下降。

我国南方岩溶水区域水流系统的补给区，地下水位对降水响应迅速，并且变动幅度很大，可以达到数十米，这是多种因素综合影响的结果。岩溶含水介质，具有空隙尺寸大、空隙率小的特点。空隙尺寸大，渗透性良好，有利于降水大量快速入渗；雨季过后，良好的渗透性使径流强烈，地下水位迅速降低。空隙率小（相当于给水度小），接受补给时地下水位抬升幅度大，发生排泄时地下水位下降幅度大。

6.2.3 地下水天然动态类型

不同的研究者从不同角度提出各种地下水动态分类。参照阿利托夫斯基等人的分类，以补给和排泄组合方式为基础，结合我国气候、地形特征，兼顾地下水水量和水质的时间变化，我们提出如下地下水天然动态类型：入渗—径流型、径流—蒸发型、入渗—蒸发型、入渗—弱径流型。

6.2.3.1 入渗—径流型动态

入渗—径流型动态，接受降水及地表水补给，以径流方式排泄；地下水化学作用以溶滤为主。

此类动态广泛分布于不同气候条件下的山区及山前。接受入渗补给，地形切割强烈，地下水位埋藏深，蒸发排泄可以忽略，以径流排泄为主。动态的特点是：年水位变幅大而不均，由补给区到排泄区，年水位变幅由大到小。水质季节变化不明显，水土向淡化方向演变。

6.2.3.2 径流—蒸发型动态

径流—蒸发型动态，以侧向径流补给为主，以蒸发方式排泄；地下水化学作用以浓缩为主。

此类动态，主要分布于干旱内陆盆地远山及盆地中心部位，地下水埋藏深度浅，岩性为细粒土。降水稀少，接受地下水侧向径流补给，地下水位埋藏浅，蒸发排泄为主。动态的特点是：年水位变幅小而均匀，水质缺乏明显季节变化，水土向盐化方向演变。

6.2.3.3 入渗—蒸发型动态

入渗—蒸发型动态，以接受当地降水补给为主，径流微弱，就地蒸发排泄；地下水化学作用为溶滤-浓缩间杂发生。

此类动态主要分布于半干旱平原和盆地内部。受季风影响，季节性干湿变化明显；在微地貌控制下，局部水流系统发育。因此，地下水由补给区向排泄区短程径流，地下水位变幅较小。时间上，溶滤和浓缩作用交替出现，空间上，溶滤作用和浓缩作用间杂发生。

6.2.3.4 入渗—弱径流型动态

入渗—弱径流型动态，以接受当地降水补给为主，径流和蒸发均微弱，地下水化学作用以溶滤为主。

此类动态主要分布于我国湿润平原和盆地，由于气候湿润，降水丰富，地形高差小，径流及蒸发排泄均微弱，地下水位变幅小。水质季节变化不大，水土向淡化方向演变。

上述四大类型，难以完全概括我国复杂的地下水动态，需要根据实际情况加以变换应用。例如，干旱内陆盆地的绿洲，地下水埋藏很浅，降水稀少，蒸发强烈，天然地下水位变幅小，且水土长期并不盐化。这里的地下水动态，实际上属于径流—径流型，经常性径流排泄，将地下水中盐分不断带走，正是绿洲生态得以维护的根源。

再如，干旱半干旱平原，在人工开采下，潜水位降低，原有的径流—蒸发型及入渗—蒸发型动态，转化为径流—径流型及入渗—径流型动态，水土不再继续盐化。潜水位埋藏深度过大时，将出现土地荒漠化的威胁。

干旱半干旱平原和盆地，不正确地调度外来水源灌溉，抬升地下水位，使蒸发排泄强化，土地盐碱化扩大，甚至变绿洲为荒漠。20世纪50年代末期至60年代初，河北平原实行"以蓄为主"的水利方针，地下水位普遍抬升，蒸发加强，盐碱地面积从原有的 $272.07 \times 10^4 hm^2$，迅速扩大到 $412.52 \times 10^4 hm^2$。20世纪70年代以来，大力开发地下水，到20世纪80年代中期，盐碱地面积减少到 $171.07 \times 10^4 hm^2$。

6.2.4　人类活动影响下的地下水动态

天然条件下，气候因素在多年中趋于某种平均状态，因此，地下水多年的补给量、排泄量和储存量保持平衡状态，地下水位围绕某一平均水位波动，水质稳定地趋向淡化或盐化。

人类活动增加新的补给来源或排泄去路，影响地下水天然均衡状态，从而改变地下水动态，影响水质演变方向。

井孔开采地下水是最常见的人工排泄方式。新增的人工排泄，将减少甚至完全替代原有的天然排泄（如泉流量减少或枯竭、向河流泄流较少或停止、蒸发量减少）；有时，还伴随某些补给的增加（如地下水由补给河水而转变为接受河水补给，原先地下水埋藏深度过浅降水入渗受到限制的地段，入渗补给量增加）。

如果新增的补给量以及减少的天然排泄量之和，等于人工排泄量，地下水达到新的均衡状态，地下水位将维持在较原先平均高程更低的位置，以更大的幅度变动，但不会持续下降（见图6-7）。

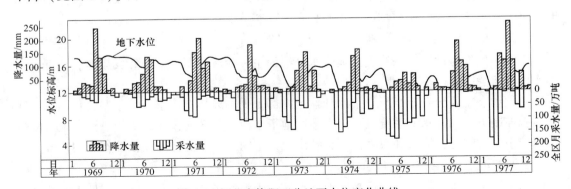

图6-7　河北省饶阳五公地下水位变化曲线

如果人工开采水量过大，新增的补给量及减少的天然排泄量之和，不足以补偿人工排泄量时，地下水位将持续下降（见图6-8）。

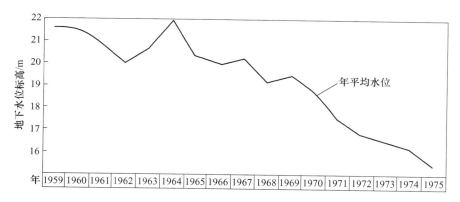

图6-8　河北省保定西部地下水位变化曲线

修建水库、引用外来地表水灌溉等，都会增加新的人工补给，抬高地下水位。河北冀县新庄，1974年初潜水埋藏深度大于4m，引用外来地表水灌溉后，到1977年雨季，潜水位接近地表，发生次生沼泽化，导致农业大幅度减产（见图6-9）。

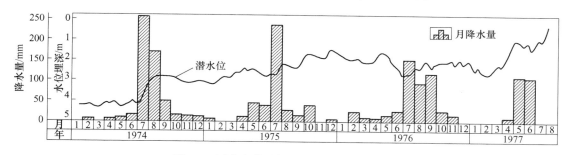

图6-9　河北省冀县新庄地下水位变化曲线

地下水的人工补给或人工排泄，都有可能打破原有的地下水均衡，形成新的地下水均衡，进而影响地下水所支撑的水文系统及生态环境系统。地下水人工排泄减少蒸发量，在干旱半干旱地区，可以减轻乃至消除原有的土壤盐碱化。地下水人工排泄大幅度降低地下水位时，减少向河流泄流，将破坏原来水文系统以及相关生态环境系统的平衡。地下水人工补给过多，促使地下水位抬升到离地面很近的位置，则将引起次生沼泽化，在干旱半干旱地区，还会导致土壤盐碱化。

6.3　地下水均衡

6.3.1　天然条件下的地下水均衡

6.3.1.1　均衡区与均衡期

一个地区的水均衡研究，是应用质量守恒定律去分析参与水循环的各要素的数量关系。以地下水为对象的均衡研究，目的在于阐明某个地区在某一时间段内，地下水水量

（盐量、热量）收入与支出之间的数量关系。进行均衡计算所选定的地区称为均衡区（area for water balance），最好取具有隔水边界的完整地下含水系统。进行均衡计算的时间段，称为均衡期（duration for water balance），可以是若干年、一年，也可以是某一时间段。

某一均衡区，在一定均衡期内，地下水水量（或盐量、热量）的收入大于支出，表现为地下水储存量（或盐储量、热储量）增加，称为正均衡；反之，支出大于收入，地下水储存量（或盐储量、热储量）减少，称为负均衡。

天然条件下，一个地区的气候，经常围绕平均状态发生波动。多年统计，气候趋近平均状态，地下水保持收支平衡；年内及年际，气候（气象）发生波动，地下水也经常处于不均衡状态；表现为地下水诸要素随时间发生有规律的变化，这便是地下水动态。

地下水均衡研究，要分析均衡的收入项与支出项，列出均衡方程式（equation for water balance）。通过测定或估算均衡方程式的各项，求算某些未知项。地下水均衡研究还不够成熟，目前多限于水量均衡研究。在我国，结合生产实际的地下水均衡研究，主要是灌溉条件下的潜水水量均衡。

6.3.1.2　水均衡方程式

陆地上某一地区天然状态下总的水均衡收支项如下（见图6-10）。

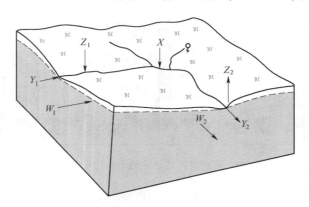

图 6-10　天然状态下水均衡模式

收入项（A）包括大气降水量（X）、地表水流入量（Y_1）、地下水流入量（W_1）、水汽凝结量（Z_1）。

支出项（B）包括地表水流出量（Y_2）、地下水流出量（W_2）、腾发量（Z_2）。

均衡期水的储存量变化为 $\Delta\omega$，则水均衡方程式为：

$$A - B = \Delta\omega \tag{6-1}$$

即
$$(X + Y_1 + W_1 + Z_1) - (Y_2 + W_2 + Z_2) = \Delta\omega \tag{6-2}$$

或
$$X - (Y_2 - Y_1) - (W_2 - W_1) - (Z_2 - Z_1) = \Delta\omega \tag{6-3}$$

水储量变化 $\Delta\omega$ 包括地表水变化量（V）、包气带水变化量（m）、潜水变化量（$\mu\Delta h$）及承压水变化量（$\mu_e\Delta h_e$）。其中，μ 为潜水含水层的给水度或饱和差，Δh 为均衡期潜水位变化值（上升用正号，下降用负号），μ_e 为承压含水层的弹性给水度，Δh_e 为承压水测压水位变化值。据此，水均衡方程式可写成：

$$X - (Y_2 - Y_1) - (W_2 - W_1) - (Z_2 - Z_1) = V + m + \mu\Delta h + \mu_e\Delta h_c \tag{6-4}$$

讨论潜水均衡时，其收支项分别包括如下各项（见图6-11）。

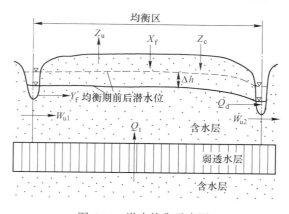

图 6-11　潜水均衡示意图

（设定地下水流向与剖面平行，弱透水层顶板为均衡区下边界）

潜水的收入项（A'）包括：降水入渗补给量（X_f），地表水入渗补给量（Y_f），凝结水补给量（Z_c），上游断面潜水流入量（W_{u1}），下伏半承压含水层越流补给潜水水量（Q_t），如果潜水向半承压水越流排泄，则 Q_t 列为支出项。

潜水的支出项（B'）包括：潜水腾发量（Z_u，包括土面蒸发及叶面蒸腾），潜水以泉或泄流形式排泄量（Q_d），下游断面潜水流出量（W_{u2}）。

均衡期始末潜水储存量变化为 $\mu\Delta h$，则：

$$A' - B' = \mu\Delta h \tag{6-5}$$

即

$$\mu\Delta h = (X_f + Y_f + Z_c + W_{u1} + Q_t) - (Z_u + Q_d + W_{u2}) \tag{6-6}$$

此为潜水均衡方程式的一般形式。一定条件下，某些均衡项可取消。例如，通常凝结水补给很少，Z_c 可忽略不计；地下径流微弱的平原区，可认为 W_{u1}、W_{u2} 趋近于零；无越流的情况下，Q_t 不存在；地形切割微弱，径流排泄不发育时，Q_d 可从方程中排除。去除以上各项后，方程式简化为：

$$\mu\Delta h = X_f + Y_f - Z_u \tag{6-7}$$

多年均衡条件下，$\mu\Delta h = 0$，则得：

$$X_f + Y_f = Z_u \tag{6-8}$$

式（6-8）为典型的半干旱平原或盆地中心潜水均衡方程式。此时，渗入补给潜水的水量消耗于蒸发，属于入渗—蒸发型地下水动态。

典型的湿润山区潜水均衡方程为：

$$X_f + Y_f = Q_d \tag{6-9}$$

式（6-9）表示入渗补给的水量全部以径流形式排泄，属入渗—径流型地下水动态。

6.3.2　人类活动影响下的地下水均衡

研究人类活动影响下的地下水均衡，可定量评价人类活动对地下水动态的影响，预测水量水质变化趋势，据此提出合理的地下水动态调控措施。

为防治土壤次生盐碱化，克雷洛夫曾对乌兹别克斯坦某灌区进行潜水均衡研究。该区潜水均衡方程式为：

$$\mu\Delta h = X_f + f_1 + f_2 + Q_t - Z_u - Q_r \tag{6-10}$$

式中，f_1，f_2 分别为灌渠水及田面灌水入渗补给潜水的水量；Q_t 为下伏半承压含水层越流补给潜水的水量；Q_r 为通过排水沟排走的潜水水量；其余符号意义同前。

以一个水文年为均衡期，经观测计算，求得对应于式（6-10）的各项数值（单位为 mmH_2O）为：

$$31.0 = 22.7 + 255.5 + 77.0 + 9.2 - 313.4 - 20.0$$

据此得出以下结论：

（1）潜水表现为正均衡，一年中潜水位上升 620mm，增加潜水储存量 31mm（$\mu = 0.05$）；长此以往，潜水蒸发量将不断增加，会产生土壤盐碱化。

（2）灌溉水入渗是破坏原有地下水均衡、导致潜水位抬升的主要因素，其中灌渠水入渗量占总收入水量的 70%，田面入渗水量占 21%。

（3）现有排水设施的排水能力（年排水量为 20mm）太低，不能有效防止潜水位抬升。

（4）为防止土壤次生盐碱化，必须采取以下措施：或减少灌水入渗（衬砌渠道、控制灌水量），或增大排水能力（加密加深排水沟渠），或两者兼施，以消除每年 31mm 的潜水储存量增加值。

6.3.3　区域地下水均衡研究需要注意的问题

含水系统获得的多年平均年补给量，是可永续利用水资源量的上限。对于大型含水系统，除了统一求算补给量外，往往还需要分别求算各子系统的补给量。此时，应注意避免上、下游之间，浅层水、深层水之间，以及地表水与地下水之间的水量重复计算。

图 6-12 所示为一个堆积平原孔隙含水系统，包含山前冲洪积平原潜水、冲积湖积平原浅层水及深层水。冲积湖积平原中的黏性土为弱透水层，自浅而深，由无压的浅层水逐渐转变为半承压的深层水。

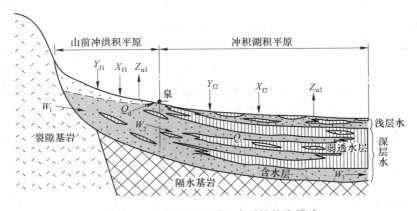

图 6-12　堆积平原孔隙含水系统均衡模式

天然条件下，多年水量均衡，地下水储存量的变化值为零。各部分的水量均衡方程式如下（等号左侧为收入项，等号右侧为支出项）。

山前冲洪积平原潜水：

$$X_{f1} + Y_{f1} + W_1 = Z_{u1} + Q_d + W_2 \tag{6-11}$$

冲积平原浅层水：

$$X_{f2} + Y_{f2} + Q_t = Z_{u2} \tag{6-12}$$

冲积湖积平原深层水：

$$W_2 = Q_t + W_3 \tag{6-13}$$

式中，X_{f1}，X_{f2} 分别为山前平原及冲积平原降水入渗补给量；Y_{f1}，Y_{f2} 分别为山前平原及冲积平原地表水入渗补给量；W_1，W_2，W_3 分别为山前平原上、下游断面及冲积平原下游断面地下水流入（流出）量；Z_{u1}，Z_{u2} 分别为山前平原及冲积平原腾发量；Q_t 为深层水越流补给浅层水的水量；其余符号意义同前。

则，整个含水系统的水量均衡方程式为：

$$X_{f1} + X_{f2} + Y_{f1} + Y_{f2} + W_1 = Z_{u1} + Z_{u2} + Q_d + W_3 \tag{6-14}$$

如果简单地将含水系统各部分均衡式中收入项累加，则整个系统的收入项中，W_2 和 Q_t 有重复计算。

从图 6-12 中很容易看出：冲积平原深层水并没有独立的补给项，其收入项 W_2（冲积平原上游断面地下水流入量）就是山前平原潜水下游断面地下水流出量。同样，冲积平原浅层水收入项 Q_t，就是深层水越流补给浅层水的水量。W_2 及 Q_t 都是含水系统内部发生的水量交换，而不是含水系统与外界的水量交换。

在开采条件下，含水系统内部及其与外界之间的水量均衡，将发生一系列变化。假定单独开采山前平原的潜水，则水量均衡将产生以下变化：

（1）随着潜水位下降，地下水不再溢出成泉，$Q_d = 0$；

（2）与冲积平原间水头差变小，山前平原流入冲积平原的水量 W_2 减小；

（3）随着水位下降，蒸发减弱，Z_{u1} 变小；

（4）与山区地下水水头差变大，山区地下水流入量 W_1 增加；

（5）地表水与地下水水头差变大，地表水入渗补给量 Y_{f1} 增大；

（6）潜水埋藏深度浅的地带水位变深，可能使降水入渗补给量 X_{f1} 增大。

与此同时，对地表水以及邻区地下水均衡产生下列影响：

（1）山区至冲积平原的地表水径流量减少；

（2）冲积平原地下水侧向补给量以及深层水越流补给浅层水水量减少；

（3）由山前平原流入冲积平原的地表径流量及坡流减少，从而使冲积平原接受地表水补给减少。

不仅含水系统各部分的水是一个整体，地下水与地表水也是不可分割的整体。从更大的视野看，地表水、地下水以及它们支撑的生态环境系统，共同构成更高一级的系统。人为活动影响下，天然地下水均衡状态破坏，会导致一系列影响广泛的连锁反应。

开采条件下的孔隙含水系统地下水均衡计算时，必须考虑黏性土塑性压密量。孔隙含水系统的深层水属于半承压水，开采以后，测压水位下降十分显著。开采使孔隙水压力降低，而上覆载荷不变，黏性土层将发生塑性压密释水。停止采水，测压水位恢复到开采前的位置，黏性土层因塑性压密而不能回弹，压密损失的那部分储存水量将永久损失而不可恢复，数量上大致相当于地面沉降量。黏性土压密释水量往往可占开采水量的百分之几十，如果忽略黏性土压密释水量，均衡计算会产生相当大的误差。

思 考 题

6-1　简答题

（1）影响地下水动态的因素有哪些？

（2）影响地下水均衡的因素有哪些？

6-2　材料题

某水源地开采区为正方形，边长为 15km，区域面积为 225km²。多年平均降水量为 740mm，降水入渗系数为 0.2，开采区西部和北部约 180km² 的地区，地下水位埋深 2~3m，蒸发强度为 0.00008m³/（m²·d），其他区无蒸发，南部和西部为补给边界，其单宽流量分别为 5m³/（m·d）和 10m³/（m·d），北部和东部为隔水边界，水源地开采量为每天 700000m³，进行均衡计算，确定该水源地是正均衡还是负均衡。

7 不同赋存介质中地下水基本特征

7.1 孔 隙 水

孔隙水是指赋存于松散沉积物颗粒或集合体构成的孔隙网络中的地下水[2]，按含水层埋藏条件，孔隙水可分为孔隙潜水和孔隙承压水。

7.1.1 洪积扇中的地下水

典型的洪积扇形成于干旱半干旱地区的山前地带。暴雨或冰雪消融季节，流速极大的洪流，经由山区河槽流出山口，进入平原或盆地后，不受固定河槽的约束，加之地势突然转为平坦，集中的洪流转变为辫状散流；水的流速顿减，搬运能力急剧降低；洪流携带的物质以山口为中心堆积成扇形，称为洪积扇。间歇性水流往往同时伴随常年性水流，此时在山前形成冲洪积扇。

作为堆积地貌，洪积扇的地形与岩性，由扇顶向前缘及两侧呈现规律性变化。地形最高的扇顶，多堆积砾石、卵石、漂砾等，层理不明显；沿着水流方向，随着地形降低，过渡为砾及砂，开始出现黏性土夹层，层理明显；没入平原或盆地的部分，则为砂与黏性土的互层。流速的陡变决定了洪积物分选不良，在卵砾石为主的扇顶，也常出现砂和黏性土的夹层或团块，甚至出现黏性土与砾石的混杂沉积物，随着水流方向分选变好。

干旱半干旱气候下，洪积扇中地下水水量水质均呈明显分带性。

洪积扇上部，属潜水深埋带或盐分溶滤带。接收降水及山区流来的地表水补给，是主要补给区；潜水埋藏深度大（数米乃至数十米），地下水水位变幅大，地下径流强烈，形成低 TDS 水（数十毫克每升到数百毫克每升）。干旱内陆盆地，此带地表水全部转入地下。

洪积扇前缘，属潜水溢出带（overflow zone）或盐分过路带。随着地形变缓、颗粒变细，地下径流受阻，潜水壅水溢出地表，形成泉与沼泽（swamp）；此带地下水水位变幅小。干旱内陆盆地中，此带地下水重新转向地表，形成荒漠中的绿洲，是主要农牧业带。洪积扇前缘以下，属潜水下沉带或盐分积聚带。潜水埋深比溢出带有所增大，由于岩性变细、地势平坦，潜水埋深不大，蒸发成为主要排泄方式，地下水 TDS 明显增大，土壤发生盐碱化。干旱内陆盆地，地下水的最终归宿，是区域性地下水流系统的终点——盐湖。

由洪积扇顶部到盆地中心，显示良好的地貌—岩性—地下水分带。地形坡度由陡变缓，岩性由粗变细，地下水位埋深由深到浅，补给条件由好到差，排泄由径流为主转化到以蒸发为主，水化学作用由溶滤转为浓缩。充分体现了自然现象之间相互联系、相互依存的特点。

在不同自然地理、地质背景下，洪积扇以及赋存其中的孔隙水发育各不相同。

干旱气候下，山前为暂时性水流堆积形成的洪积扇。湿润半湿润地区，常年性水流形成的冲积物增多，形成冲洪积扇。湿润气候下，水化学作用以溶滤为主，水化学分带不明显。例如，川西平原发育带状冲洪积裙，其中岷、沱两江冲洪积扇最大。岷江及沱江冲洪积扇，由扇顶向前缘，潜水埋藏深度由 $3\sim6m$ 变浅为 $0.8\sim1.4m$；除个别 TDS 为 $0.7g/L$ 外，均为小于 $0.5g/L$ 的重碳酸钙型水，无明显水化学分带。

通常，洪积扇顶部潜水埋藏深度大，不利于取用地下水，因此，华北平原的城镇大多分布于冲洪积扇前缘溢出带附近。但是，西北某些山前地区，洪积扇顶部的潜水埋藏深度反而比中带浅得多。原因是新构造运动使近山处隔水基底抬升、远山处下落，断裂两侧地下水位形成跌水。

7.1.2　冲积平原中的地下水

冲积平原是由河流沉积作用形成的平原地貌。在河流的下游，由于水流没有上游急速，而下游的地势一般都比较平坦。河流从上游侵蚀了大量的泥沙，到了下游后因流速不再足以携带泥沙，结果这些泥沙便沉积在下游。尤其当河流发生水侵时，泥沙在河的两岸沉积，冲积平原便逐渐形成。任何河流在下游都会有沉积现象，尤以一些较长的河流为甚。世界上最大的冲积平原是亚马孙平原，由亚马孙干流、支流冲积而成。中国的东北平原、黄淮海平原、长江中下游平原、珠江三角洲平原等均属于冲积平原。其特征是地势低平，起伏和缓，相对高度一般不超过 $50m$，坡度一般在 5 以下。沉积物以冲积物为主，常夹有湖积物、风积物甚至海相堆积物。一般形成砂质土层与黏性土层叠置的多层结构含水系统，砂质土层多为各种级别的砂乃至砾卵石，构成含水层，往往成为当前供水水源的主要开采层；黏性土层构成相对隔水层（弱透水层）。

河谷冲积平原中的含水层颗粒较粗大，沿江河呈条带状有规律的分布，与地表水水力联系密切，补给充分，水循环条件好，水质较好，开采技术条件好，一般可构成良好的地下水水源地。

7.1.3　湖积物中的地下水

湖积物属于静水沉积，颗粒分选良好，层理细密，岸边浅水处沉积砂砾等粗粒物质，向湖心过渡为黏土，湖积物颗粒的大小与气候、构造及是否有河流进入或穿越有关。气候的周期性干湿交替，或构造下降与停顿交替，可造成砂砾层与黏土层交替堆积，形成多个被黏土分隔的含水砂层。

我国第四纪初期，湖泊众多，湖积物发育；后期湖泊萎缩，湖积物多被冲积物所覆盖。侧向分布广泛的粗粒湖积含水砂砾层主要通过进入湖泊的冲积砂层与外界联系，而垂向上有黏土层分布，越流补给比较困难。湖积物通常有规模大的含水砂砾层，但因其与外界联系差，补给困难，地下水资源一般并不丰富。

7.1.4　黄土高原的地下水

我国西部黄土高原普遍分布黄土，其粉粒含量大于 60%，富含钙质，结构较为疏松。下、中更新统（Q_{1+2}）黄土，多为粉质亚黏土，呈棕黄色，局部微显红色，厚度最大

200m，形成10余层深棕色、黑色的古土壤层，层下为钙质结核层。上更新统（Q_3）黄土呈淡黄色，厚度几米到几十米，主要为粉质亚黏土，结构格外疏松。

黄土均发育垂直节理，且多虫孔、根孔等以垂向为主的大孔隙，其垂直渗透系数（K_v）比水平渗透系数（K_h）大许多。如甘肃黄土，$K_v = 0.19 \sim 0.37 \text{m/d}$，$K_h = 0.002 \sim 0.003 \text{m/d}$，随深度加大，$K_v$明显变小。

总体来说，黄土高原地下水水量不丰富，地下水埋深大，水质较差，这是岩性、地貌、气候综合作用的结果。

黄土厚度大，结构疏松，在流水侵蚀作用下，纵横的沟谷把黄土高原切割成由松散沉积物构成的丘陵。在流水侵蚀下，原始地貌保持较好的、规模较大的黄土平台称为黄土塬，长条带的黄土城岗称为黄土梁，浑圆形的黄土土丘称为黄土峁。

黄土有利于降水入渗（降水入渗补给系数 $\alpha = 0.05 \sim 0.10$），地下水较丰富，由中心向四周地下水散流，中心水位浅，边缘水位深，矿化度向四周增大，至沟谷成泉、泄流。黄土梁、黄土峁切割强烈，不利于降水入渗（$\alpha < 0.01$），水量贫乏，水质较差，水位浅埋。

此外，风积物、冰水沉积物、残破积物、海积物中也可以赋存地下水，这里不再赘述。

7.1.5 孔隙含水系统实例分析

前面分别讨论了不同成因类型沉积物中的孔隙水，实际上，同一时期同一水流系统，随着沉积环境递变，可在不同部位形成不同成因类型的沉积物，而其中组成含水层的粗粒物质，连续分布，赋存其中的水具有密切联系，构成统一的孔隙含水系统。下面以河西走廊为例加以说明。

甘肃河西走廊石羊河流域属内陆流域，上游河流来自南部祁连山的北麓，其中较大者为古浪、黄羊等8条，向北流出山口，大部分河水渗入洪积扇中，此时已进入武威盆地的范围。在武威以北为扇群边缘，在扇群的溢出带出现了一系列泉群，就是这些泉汇集成为石羊河，向北流至现在的红崖山水库中。再北流，又进入民勤一湖水盆地，山前也是洪积扇堆积河水复渗入扇中，但是由于水量较武威盆地小，在扇缘仅形成不多的泉水，大部分水以地下水的形式，从洪积物中进入冲积物向北运移，到达以北的湖泊沼泽地带，一部分水以泉的形式进入湖泊中，绝大部分消耗于蒸发。石羊河全长达100余千米，流域面积约3000km²（见图7-1和图7-2）。

石羊河流域的沉积物是由两个系列沉积组成。第一个系列是武威盆地中的沉积，南部为单层厚度巨大的卵砾石，最厚者可达400m，为洪积物。这一地段，地表不存在常年性河流，只在洪水季节地表出现暂时性水流。溢出带的泉群在地表汇流成为石羊河。但是其真正的源头是来自祁连山的河流，只是经过渗入洪积扇变为地下水，再以泉的形式出露汇集成为地表水流的复杂过程而已，在这一转化过程中，有相当一部分水流在地下由洪积物进入冲积物。这就是武威盆地其他地段地下水的来源。第四纪以来，河道切穿红崖山丘陵的部位而通过，所以冲积物的分布也大体和石羊河一致，只有部分冲积物伸入腾格里沙漠。此外，在盆地的低注部位也出现湖泊沉积，河道切穿红崖山之后，进入民勤盆地。沉积物成因类型的变化仍然和武威盆地一样，先是洪积，再为冲积，最后为湖泊沼泽沉积，

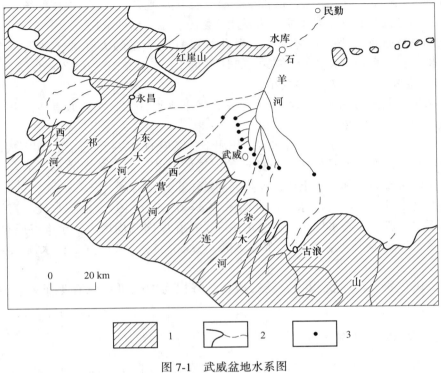

图 7-1　武威盆地水系图

1—山地；2—河流；3—泉

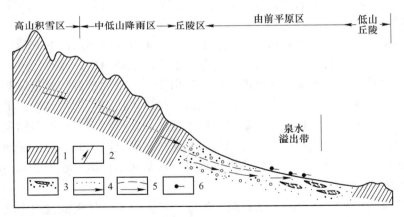

图 7-2　祁连山—武威盆地地表-地下水转化示意剖面

1—基岩；2—断层；3—砂砾石及黏性土夹层；4—地表水位及流向；5—潜水位线；6—泉

只是其规模较小，这是水量较小的结果。总之，影响沉积物成因类型不同的直接原因是地形和地表水流速及流量的变化。一般地说，除山地之外，无论平原或山间盆地，地形和水流的变化，都属渐变，所以不同成因类型的沉积物也是连续的和渐变的。认识沉积物的连续性对认识地下水的补给和运动大有裨益，武威和民勤盆地提供了很好的例子。

　　两个盆地中第四纪堆积厚达 100~400m，是地下水主要贮存场所。盆地的年降水量约 160mm，大部集于 5~9 月，此期间蒸发强烈，所以盆地中降水对地下水补给作用微弱。

南部祁连山顶部平均海拔 4000m 以上，终年积雪，冰川发育。向北高度降低，山地年降水量平均 700~800mm，至北麓地带减小到 300mm 左右，水文网切割强烈。在出山前即汇集了山区绝大部分的地表和地下水。石羊河流域出山的 8 条河流，多年平均总流量为 $14.4×10^8 m^3/a$，这就是从祁连山进入武威盆地的总水量。通过山前的洪积扇群带时，渗入地下的水量约 $6.5×10^8 m^3/a$，占河水总流量的 45%。到盆地中部，从扇群中部开始，地下水沿浅切的河槽大量溢出，泉水总流量为 $3.2×10^8 m^3/a$，最后汇流成石羊河。据香家湾流量站对 1965 年和 1978 年径流的分析，石羊河中下游径流组成中，地下水占 94.5% 和 95.7%，洪水仅占 5.5% 和 2.37%。这些水进入民勤盆地后，主要由引水渠进入田间，最后排入北部的湖泊沼泽中，消耗于蒸发。

从上述情况，可以得到如下几点认识：（1）含孔隙水的沉积物成因类型的变化是地形和水流状态改变的结果。其中的水是连续的，不同成因类型沉积物的变化也是连续的。（2）石羊河流域包括两个盆地，全长达 100km 以上，处于干旱地区，南部祁连山的地表水流为其主要补给来源。在流动过程中，地表和地下水之间不断相互转化，地表引用的水量多，则地下水的补给量减少。说明两者是一个统一的整体，两个盆地是上下游关系，水的来源只有一个，上游盆地的取水量会影响到下游的应用。可以看出，这种条件下的地表水和地下水、上游和下游的水，同属一个系统，用水时会相互影响，上游对下游的影响尤其大。因此，如何使一定数量的水，在经济上能发挥最大的作用，并使环境能有所改善，至少不能变坏，是开发利用中的最重要的问题。

7.2 裂 隙 水

坚硬基岩在应力作用下产生各种裂隙，成岩过程中形成成岩裂隙，经历构造变动产生构造裂隙，风化作用可形成风化裂隙。裂隙水是指赋存并运移于坚硬基岩裂隙中的地下水。

与孔隙水相比，裂隙水表现出更强烈的不均匀性和各向异性，基岩的裂隙率比较低，裂隙在岩层中所能占有的赋存空间很有限，这一有限的空间在岩层中分布很不均匀，并且裂隙通道在空间上的展布具有明显的方向性。裂隙岩层一般并不形成具有统一水力联系、水量分布均匀的含水层，而通常由部分裂隙在岩层中某些局部范围内连通构成若干带状或脉状裂隙含水系统。

岩层中各裂隙含水系统内部具有统一的水力联系，水位受该系统最低出露点控制，系统之间没有或仅有微弱的水力联系，各有自己的补给范围、排泄点及动态特征，其水量的大小取决于自身的规模。规模大的系统补给范围广、水量丰富、动态稳定；规模小的系统储存与补给有限，水量小而动态不稳定（见图 7-3）。

带状或脉状裂隙含水系统，一般是由一条或几条大的导水通道为骨干汇同周围的中小裂隙而形成的。这些大的导水通道在空间上的分布往往表现出随机性，而且在不同方向上的延展长度存在很大差别，表现出强烈的不均匀性和各向异性。

7.2.1 裂隙水的类型

按介质中空隙成因，裂隙水可分为成岩裂隙水、风化裂隙水和构造裂隙水，其空间分布、规模、水流特性存在一定差异。

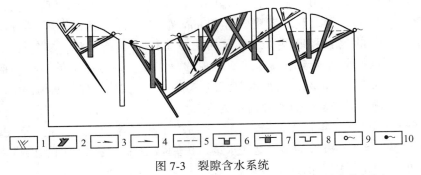

图 7-3   裂隙含水系统

1—不含水张开裂隙；2—含水张开裂隙；3—包气带水流向；4—饱水带水流向；
5—地下水水位；6—水井；7—自流井；8—无水干井；9—季节性泉；10—常年性泉

7.2.1.1   成岩裂隙水

成岩裂隙是岩石在成岩过程中受内部应力作用而产生的原生构造。沉积岩固结脱水、岩浆岩冷凝收缩等均产生成岩裂隙。沉积岩及深成岩浆岩的成岩裂隙多为闭合的，含水意义不大。

陆地喷发的玄武岩成岩裂隙最为发育。岩浆冷凝收缩时，由于内部张力作用产生垂直于冷凝面的六方柱状节理及层面节理，该类成岩裂隙大多张开，密集均匀，连通良好，常构成储水丰富、导水通畅的层状裂隙含水系统。另外玄武岩喷发时，上部因冷凝作用常形成孔洞发育层，孔洞之间连通性较好，使玄武岩富水性更强。玄武岩成岩裂隙发育程度因层因地而异；致密块状、裂隙不发育的玄武岩通常也构成隔水层。另外玄武岩喷发一般呈现多期性，各层玄武岩层之间常沉积有黏性土层或砂砾石层，分别构成隔水层和含水层。美国的夏威夷是太平洋中部的一组火山岛，由 8 个大岛和 124 个小岛组成。首府檀香山（火奴鲁鲁）位于瓦胡岛，檀香山以玄武岩裂隙水为供水水源，钻孔总涌水量为 $7.5 \text{m}^3/\text{s}$，水量十分丰富（夏威夷群岛）。泉阳泉水源地位于吉林省白山市抚松县泉阳境内，地处长白山原始森林的核心地带，泉水自地下呈多股自然涌出，水温常年 8℃，涌水量 $12 \times 10^4 \text{m}^3/\text{d}$。

岩脉及侵入岩接触带，张开裂隙发育，常形成近乎垂直的带状裂隙含水系统。侵入岩冷凝收缩以及岩浆运动产生应力，熔岩流冷凝时，形成喷气孔道；或表层凝固，下部未冷凝的熔岩流走而形成熔岩孔洞或管道。熔岩孔洞或管道的直径有的可达数米，往往水量可观。海南省琼山市一钻孔深 26m，打到宽 8m、高 6.8m 的熔岩孔道，水位降深 0.17m 时出水量达 $1700 \text{m}^3/\text{d}$。

7.2.1.2   风化裂隙水

地表岩石在温度变化和水、空气、生物等风化营力作用下形成风化裂隙。常在成岩、构造裂隙的基础上进一步发育，形成密集均匀、无明显方向性、连通良好的裂隙网络。风化营力决定着风化裂隙层呈壳状包裹于地表，一般厚度为几米至几十米，未风化的母岩构成隔水底板，一般为潜水含水系统，局部可为承压水（见图 7-4）。

风化裂隙的发育受岩性、气候及地形的控制。多种矿物组成的粗粒结晶岩，风化裂隙往往发育，而单一稳定矿物岩石不易风化，泥质岩石虽易风化，但裂隙易被土质充填；干燥而温差大的地区，有利于形成导水的风化裂隙，而热气候区以化学风化为主，往往下部半风化带较富水；地形较平缓、剥蚀及堆积作用弱的地区，有利于风化壳的发育与保存，如汇水条件好，可形成较好的风化裂隙含水层，但正常情况下，风化壳规模相当有限，水量亦有限。

水流切割及人工开挖可形成卸荷裂隙，使透水性增强。

风化裂隙的特点是：裂隙延伸短而弯曲，裂隙面曲折而不光滑，分支较多；裂隙分布较密集，无固定方向，呈不规则网状相互连接；裂隙发育程度向深处逐渐减弱，深度一般在 10~50m 不等；风化带上部裂隙发育，岩石破碎，但裂隙多被泥质充填；裂隙一般是导水的，但导水能力不强；条件适宜时形成层状含水带，富水性一般；花岗岩、片麻岩中往往更易发育成风化裂隙。

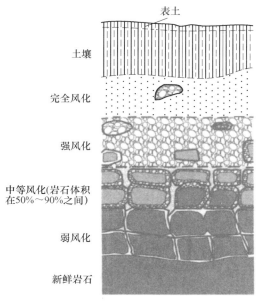

图 7-4 残积土的典型剖面

（图中标注：表土、土壤、完全风化、强风化、中等风化(岩石体积在50%~90%之间)、弱风化、新鲜岩石）

7.2.1.3 构造裂隙水

构造裂隙是地壳运动过程中岩石在构造应力作用下产生的，是所有裂隙成因类型中最常见、分布范围最广、与各种水文工程地质问题关系最为密切的类型，为裂隙水研究的主要对象。构造裂隙水具有强烈的非均匀性、各向异性和随机性等。

构造裂隙的张开宽度、延伸长度、密度及导水性等在很大程度上受岩石性质（如岩性、单层厚度、相邻岩层的组合等）的影响。

塑性岩石如页岩、泥岩、凝灰岩、千枚岩等常形成闭合乃至隐蔽的裂隙，其裂隙密度往往很大，但张开性差，延伸不远，缺少"有效裂隙"，多构成相对隔水层。脆性岩石如致密石灰岩、岩浆岩、钙质胶结砂岩等，其构造裂隙一般比较稀疏，但张开性好、延伸远，具有较好的导水性。

沉积岩中裂隙发育情况，与其胶结物成分及颗粒的粒度有一定的关系。钙质胶结呈脆性，泥质胶结呈塑性。

构造裂隙的特点是具有明显而又比较稳定的方向性，这种方向性主要由构造应力场控制，不同岩层在同一构造应力下形成的裂隙通常具有相同或相近的方向。

按构造裂隙与地层走向的关系可分为纵裂隙、横裂隙、斜裂隙、层面裂隙及顺层裂隙。纵裂隙的走向与岩层层面一致，其延伸方向往往是岩层导水能力最大的方向。横裂隙一般是张开的，张开程度大但延伸不远。斜裂隙为剪应力形成的，实际上包括两组共轭剪节理。层面裂隙的疏密对其他裂隙的长短、疏密和均匀程度存在较大的影响，其多少取决于岩层的单层厚度，单层越薄，层面裂隙越密集。裂隙水富集规律为：应力集中的部位，裂隙往往较发育，岩层透水性也好；同一裂隙含水层中，背斜轴部常较两翼富水；倾斜岩层较平缓，岩层富水；夹于塑性岩层中的薄层脆性岩层，往往发育密集而均匀的张开裂隙，易含水；断层带附近往往格外富水；裂隙岩层的透水性通常随深度增大而减弱。

7.2.2　裂隙介质及其渗流

7.2.2.1　裂隙及裂隙网络

单个裂隙可以概化为一个椭圆形饼状的三维空间：一个方向上（裂隙宽度方向）延伸极短，另两个方向上延伸较长，延伸到一定距离后尖灭，构成一个封闭空间（见图7-5）。

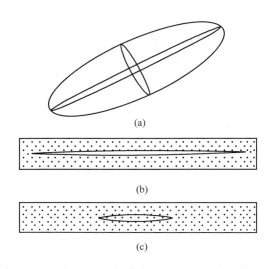

图 7-5　单个裂隙及其切面图

（a）单个椭圆饼状裂隙；（b）沿长轴方向切面图；（c）沿短轴方向切面图

单独一个裂隙，或若干个平行而互不切割的裂隙，不能构成连续的导水空间。只有当不同方向裂隙相互交切形成裂隙网络（fracture network）时，才构成能够传输地下水的导水介质，如图7-6所示（请注意，为便于作图，图中只画了两组裂隙，实际岩体的裂隙一般是三组或三组以上）。

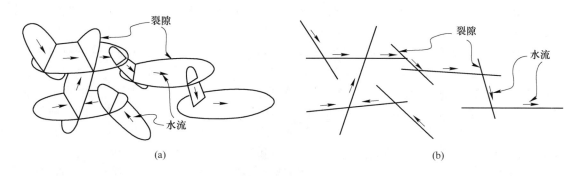

图 7-6　裂隙网络图

（a）三维裂隙网络图；（b）平行纸面方向对图（a）作切面得到的二维网络图

裂隙水总是运移于迂回曲折的三维通道之中。由于人们一般只能从钻孔、坑道、露头等一维或二维观测空间观察、测量及统计，得到的结果与实际情况有偏差。例如，坑道沿着某一方向开挖，主要观察、测量及统计的是与坑道方向交切的裂隙组，可能根本见不到与坑道平行方向的裂隙（此组裂隙密度不大时）；即使能够观察测量，数量也较实际显著偏少。同样，压水试验孔得到的参数，不能正确反映垂直裂隙的贡献。鉴于裂隙的定向性，进行裂隙观察、测量、试验及统计分析时，都要注意避免失真。

在岩层中，不同规模、不同方向的裂隙通道，交切连通构成导水裂隙网络，形成裂隙含水系统。由于岩性变化和构造应力分布不均匀，通常很难在整个岩层中形成分布均匀、相互连通的裂隙网络。特殊条件下，例如，夹于塑性岩层中厚度不大的脆性岩石，暴露于地表经风化和卸荷作用的风化卸荷带、某些冷凝收缩裂隙发育的玄武岩，岩层（岩体）中的裂隙密集均匀，能构成具有统一水力联系的层状裂隙含水系统。多数情况下，构造裂隙含水系统，在空间上呈现为张开性及延伸性不同的裂隙构成的多级次裂隙网络。组成导水网络的裂隙大体可划分为3个级别：（1）微小裂隙（有时也包括孔隙），分布密集，延伸和张开性都很差（在新鲜完整的岩石上肉眼不易发现，只有在岩石风化后或经捶击破裂时才易看到），是主要贮水空间；（2）中裂隙，岩层中数米一条至每米数条，长度延伸几米至十几米，是野外肉眼观察最常见的裂隙，兼具贮水–导水功能；（3）大裂隙（包括断层），在岩层中数量很少，但张开宽度大，延伸远，在裂隙网络中起导水作用。

7.2.2.2 裂隙水流的基本特征

在裂隙含水系统中，一些大的、延伸长的裂隙，作为主要导水通道，使裂隙水表现出明显的不均匀性和突变性。钻孔或坑道如未揭露系统中的主干裂隙，由于次一级裂隙的集水能力有限，水量不大；只揭露微小裂隙时，基本无水；一旦钻孔或坑道揭露主干裂隙，就如从干渠中取水一般，广大范围内裂隙网络中的水便逐级汇集，出现相当大的水量。在同一裂隙岩层中打井或开挖坑道时，水量之所以相差悬殊，正是由于裂隙含水系统是不同级次裂隙的集合体，而同一岩层又可能包含着若干个规模不同、互不联系的裂隙含水系统的缘故。北京西山侏罗系变玄武岩是门头沟煤系的底板，多年来在此层中掘进时仅出现少量涌水，一直被看作相对隔水层或渗透性不强的含水层。1978 年 5 月，城子煤矿开拓 -250m水平南门时，揭露了 8 条不大的破碎带，涌水量高达 $0.64\text{m}^3/\text{s}$，经地面及井下调查确定，涌水点位于本区次一级倒转向斜轴部。此处应力集中，裂隙普遍张开；坑道揭露的破碎带依次贯通层面裂隙、其他构造裂隙以及细小的成岩裂隙，广大范围内裂隙含水系统中的水逐级汇流，故而造成水量相当大的坑道涌水。

在整个岩体中，裂隙通道所占的空间比例很低，一般为千分之几至千分之十几。裂隙水流只发生在组成导水网络的裂隙通道内，通道以外没有水流，因此，裂隙水的流场实际上是不连续的，渗流场中的等势线是等效虚拟的（见图 7-7(a)）；水流被限制在迂回曲折的网络中运动，其局部流向与整体流向往往不一致，有时与整体流向正好相反（见图 7-7(b)）。

理解上述特征对于实际工作很有意义。例如，在裂隙岩层中打两个相距很近的钻孔，用来确定地下水的水力梯度、流向、流速等，并不可靠。

裂隙基岩的深切河谷地带，是各级地下水流系统的集中排泄区；在这些地段钻进，随着钻孔深度增大地下水位不断抬升是很正常的。除非有确凿证据，不能轻易地将裂隙含水系统的不同地下水位归结为不同含水层（含水系统）。

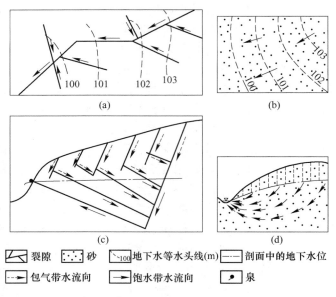

图 7-7　裂隙渗流场与孔隙渗流场的比较

7.2.3　断裂带的水文地质意义

断裂带是应力集中释放造成的破裂形变，大的断层延伸数十至数百千米，断层带宽达数百米，切穿若干岩层，构成具有特殊意义的水文地质体。

断层两盘的岩性及断层的力学性质，控制着断层的导水和贮水特征。发育于脆性岩层中的张性断裂，中心部分多为疏松多孔的角砾岩，两侧一定范围内则为张开度及裂隙率都增大的裂隙增强带，常具良好的导水能力。发育于含泥质较多的塑性岩层中的张性断裂，构造岩夹有大量泥质，两侧的裂隙增强也不如脆性岩层明显，往往导水不良，甚至隔水。压性断裂的破坏程度最大。在塑性岩层中断裂中心部分为致密不透水的糜棱岩、断层泥等，两侧多发育张开性差的扭节理，通常是隔水的。在脆性岩层中，压性断裂中心部分的构造岩细碎紧密，透水性很差，但断层两侧多发育张开性较好的扭张裂隙，成为导水带。尤其当断层比较平缓时，上盘的张扭裂隙更为发育，导水性好，扭性断裂的导水性介于张性断裂与压性断裂之间。

同一条断层，由于两盘岩性以及力学性质的变化，不同部位的导水性可以很不相同。例如，浅部两盘均为脆性岩层，断层导水。深部两盘为柔性岩层，变为隔水。原来导水的断层带可因后期的胶结作用而降低导水性，也可由于后期的溶解作用而增强导水性。因此，对于断层的导水性应结合实际资料具体分析。

导水断层带是具有特殊意义的水文地质体，它可以起到贮水空间、集水廊道与导水通道的作用。当围岩本身裂隙不发育而仅断层带局部破碎时，断层角砾岩（孔隙度可达百分之几十）及裂隙增强带（裂隙率可较围岩大 1~2 个数量级，达到百分之几到百分之十几）构成带状导水空间，钻孔或坑道揭露此类断层时，初期涌水量及水压可能较大，但迅即衰减，以致干涸。

发育于透水岩层中的导水断层，不仅是贮水空间，还兼具集水廊道的功能。钻孔或坑道揭露断层带的某一部位时，水位下降迅速波及导水畅通的整个断层带，形成延展相当长的水位低槽，断层带就像集水廊道一般，汇集广大范围围岩裂隙中的水，因此涌水量大且稳定。

　　导水断层沟通若干含水层或（及）地表水体时，断层带兼具贮水空间、集水廊道与导水通道的功能。钻孔或坑道揭露此类断层时，断层带将各个水源的巨大贮存量源源不断地导入，涌水量极大且保持稳定。1935年3月，山东淄博煤田开采石炭系煤层的坑道揭露大断层，下伏奥陶系灰岩中丰富的岩溶水迅速涌入，淹没全矿。远在20km以外的岩溶大泉也因其水流转入矿坑而断流。

　　当存在厚层隔水层且断层断距较大时，原来连通的含水层可被切割成为相对独立的块段。这种含水块段与外界联系减弱，甚至断绝，故有利于排水疏干而不利于供水。正是由于这种作用，大的断层往往构成含水系统的边界（见图7-8）。

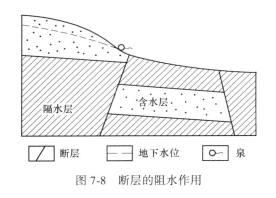

图 7-8　断层的阻水作用

7.3　岩溶水（喀斯特水）

7.3.1　岩溶发育的基本条件与影响因素

　　苏联学者苏科洛夫（Д. С. Соколов）指出，岩溶发育需要具备四个基本条件[48]：（1）可溶岩的存在；（2）可溶岩必须是透水的；（3）具有侵蚀性的水；（4）水的流动。

　　溶蚀（corrosion）是指具有侵蚀性的水将可溶岩的某些组分转入水中，扩展可溶岩空隙的作用。可溶岩无疑是岩溶发育的前提，但是如果可溶岩没有裂隙，水不能进入岩石，溶解作用便无法进行。纯水对钙镁碳酸盐的溶解能力很低，只有当 CO_2 溶入水中形成碳酸时，才对可溶岩具有侵蚀性。如果水是停滞的，在溶解过程中将丧失侵蚀能力，流动的水不断更新侵蚀能力，才能保证溶蚀的连续性。因此，水的流动是岩溶发育的充分条件。

　　在以上四个基本条件中，最根本是可溶岩及水流。可溶岩存在时，或多或少有发育空隙。只要存在水的流动，侵蚀性就有保证。因此，水流状况是决定岩溶发育强度及其空间分布的决定性因素。

　　所有控制岩溶发育的影响因素，均是通过上述岩溶发育的基本条件发挥作用的。例如，土壤中的 CO_2，是决定水的侵蚀性的主要因素，而土壤中的 CO_2 含量取决于气候。湿热气候下土壤 CO_2 含量高，使地下水有较高的侵蚀性。这正是我国南方岩溶比北方岩溶发育的主要原因之一。再如，地质构造对岩溶水发育有重要作用：构造的边界控制了地下水溯源溶蚀的范围，从而决定了岩溶水系统的边界，主要断裂带、背斜和向斜轴部，往往控制地下河系的发育部位与方向。新构造运动控制着水流的活动空间：新构造运动稳定时期，水流持续不断作用于同一部位，有利于形成贯通的地下管道系统，在构造边界之内形成统一的岩溶地下水系。构造不断隆升，水流不断向高程较低的部位移动，无法持续溶蚀同一部位，难以形成贯通的地下河系。

7.3.2   碳酸盐岩的成分与结构

可溶岩包括碳酸盐岩（石灰岩、白云岩、大理岩）、硫酸盐岩（石膏等）及卤化物岩（岩盐、钾盐、镁盐）等。卤化物岩和硫酸盐岩分布有限，绝大部分的岩溶发育于碳酸盐类岩石。因此，我们仅就分布最广泛的碳酸盐岩进行讨论。

碳酸盐岩由不同比例的方解石（$CaCO_3$）和白云石（$CaMg(CO_3)_2$）组成，常含泥质、硅质等杂质。石灰岩以方解石为主，白云岩的成分以白云石为主。实验得出：若纯方解石的溶解度为1，则碳酸盐岩的相对溶解度随 CaO/MgO 比值增大而增大（见图 7-9）。当比值为 1.2 ~ 2.2 之间（相当于白云岩）时，相对溶解度为 0.35 ~ 0.8；比值为 2.2 ~ 10 时（相当于白云质灰岩），相对溶解度为 0.80 ~ 0.99；比值大于 10（相当于石灰岩），相对溶解度趋于 1。硅质

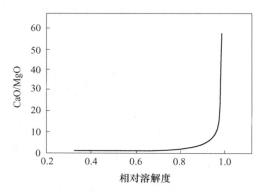

图 7-9   碳酸盐岩相对溶解度与 CaO/MgO 比值关系曲线

与泥质不溶于水，含有硅质与泥质的碳酸盐岩，难以溶解；溶解残留的泥质经常附着于空隙表面，阻碍进一步的溶蚀作用。碳酸盐岩的可溶性，自大而小依次为：石灰岩＞白云岩＞硅质灰岩＞泥灰岩。

7.3.3   碳酸盐岩、水、二氧化碳体系

水对可溶岩的溶解是岩溶作用发育的基础，涉及固相 $CaCO_3$、液相 H_2O 及气相 CO_2 的三相复杂系统[51]。

不含 CO_2 的纯水中，碳酸钙溶解反应为：

$$CaCO_3 \longrightarrow Ca^{2+} + CO_3^{2-} \tag{7-1}$$

由此产生的 CO_3^{2-} 与水反应：

$$CO_3^{2-} + H_2O \longrightarrow HCO_3^- + OH^- \tag{7-2}$$

纯水中碳酸钙溶解度很低，但是，当气相的 CO_2 溶于水中时，则得：

$$CO_2 + H_2O \longrightarrow HCO_3^- + H^+ \tag{7-3}$$

CO_2 溶于水中反应产生的 H^+ 与 $CaCO_3$ 溶解产生的 OH^- 结合，得：

$$H^+ + OH^- \Longrightarrow H_2O \tag{7-4}$$

从而使式（7-1）、式（7-2）的反应继续发生，促使 $CaCO_3$ 进一步溶解，直至饱和。

在给定条件下，水中的 $CaCO_3$ 是否饱和，利用其饱和指数判别。饱和指数的计算公式为：

$$S_{IC} = \lg \frac{a_{Ca^{2+}} a_{CO_3^{2-}}}{K_C} \tag{7-5}$$

式中，S_{IC} 为饱和指数；$a_{Ca^{2+}}$，$a_{CO_3^{2-}}$ 分别表示 Ca^{2+}、CO_3^{2-} 两种离子的活度；K_C 为平衡常数，不同温度、压力下的取值可查阅有关手册。

饱和指数 S_{IC} 的含义为：

$S_{IC}>0$，水中 $CaCO_3$，已过饱和，有发生沉淀的趋势；

$S_{IC}=0$，水中 $CaCO_3$，刚好饱和；

$S_{IC}<0$，水中 $CaCO_3$，仍未饱和，可以继续溶解。

饱和指数 S_{IC} 与 pH 值密切相关，而 pH 值代表 H^+ 浓度；从式（7-3）可知，水的 pH 值与溶于水中的 CO_2 有关，溶于水中的 CO_2 越多，pH 值越小，$CaCO_3$ 越不饱和。由此可见，对于碳酸盐，水的侵蚀性取决于溶于水中的 CO_2 数量。

显然，如果水不流动，$CaCO_3$、H_2O、CO_2 构成一个封闭体系，随着水中 CO_2 消耗以及 Ca^{2+}、CO_3^{2-} 增加，终将达到饱和状态，溶蚀不再继续。因此，溶蚀作用持续进行的必要条件是，体系必须是开放的，溶解碳酸盐成分的"老水"必须不断排走，具有侵蚀能力的"新水"需要源源不断补充。这就是说，水的循环流动是岩溶持续发展的必要及充分条件。地下水主要从土壤获得 CO_2。土壤中微生物分解有机质氧化产生的 CO_2，以及植物根系呼吸作用产生的 CO_2，是地下水中 CO_2 的主要来源。土壤空气中 CO_2 通常含量为 $1\%\sim3\%$，最大可达百分之十几。地下水补充 CO_2 的另一种方式是从大气中吸收，正常情况下，CO_2 仅占大气体积的 0.03% 左右，因此，地下水从大气中吸收的 CO_2 非常少。

溶蚀作用还存在另外一些机制，首先是混合溶蚀效应（mixing corrosion effect）。两种 CO_2 含量不同的 $CaCO_3$，饱和溶液混合后，会成为不饱和溶液，重新具有侵蚀性。一些研究者利用混合溶蚀效应解释深部岩溶的发育。

其次是深源 CO_2 的释出。通过深断裂、温泉及火山，释出幔源及碳酸盐岩高温变质形成的 CO_2[53]。例如，四川黄龙大规模钙化沉积，即与深源 CO_2 有关。

7.3.4　岩溶水系统的演变

7.3.4.1　地下水流对介质的改造

具有化学侵蚀性的水进入可溶岩层，会对原有的狭小通道进行扩展。原始的地下水通道包括各种规模的构造裂隙（细微裂隙直至断层）和原生孔隙。碳酸盐岩的原生孔隙一般导水能力很差，水流在其中难于流动。地下水主要流动循环于各种规模的裂隙之中。流动于裂隙中的地下水不断对裂隙壁面进行溶蚀，所溶解下来的岩石成分通过水流循环不断被带走，水流通道被加宽。

水流对导水通道的扩展并非是一个各通道匀速发展的简单过程。大的导水通道导水能力强，单位时间输入的 CO_2 及所能带走的 $CaCO_3$ 数量多，因此在通道扩展过程中始终处于优先地位。

由于裂隙通道规模上的差别引起水流分配的不均匀性，而水流的不均匀性又造成裂隙溶蚀扩展上的差别，由此便形成了一个岩溶演化的正反馈过程：

不均匀介质→不均匀水流→差异性溶蚀→更不均匀的介质→更不均匀的水流→进一步的差异性溶蚀→……

岩溶发展的过程实质上便是介质的非均质化过程与水流的集中过程。

　　水流对介质的改造，在空间上是不均匀的，在时间上也不是一个匀速发展的过程。岩溶的发育基本上可划分为三个阶段：起动阶段、快速发展阶段及停滞衰亡阶段。

　　起动阶段地下水对介质以化学溶蚀作用为主，水流通道比较狭小，地下水几乎没有机械搬运能力，岩溶发展比较缓慢。

　　完成起始阶段所需的时间取决于环境因素及初始裂隙水流场。环境因素主要是气候。湿热气候下地下水补给充沛，CO_2含量高，总的化学能量大，有利于岩溶发育。初始裂隙水流场取决于边界与介质。隔水边界对地下水径流的分散或集中起重要控制作用。例如向斜汇水构造使水流汇集于轴部，形成集中的径流通道。再如，集中的补给较分散的补给更利于岩溶发育。最典型的高度集中的补给模式是来自相邻非可溶岩分布区的河流的注入，这种情况下有利于形成巨大的岩溶廊道。就介质本身而言，初始介质场越不均匀，水流便不均匀，越有利于岩溶的快速演化。

　　在初始裂隙流场不均匀的基础上，通过差异性溶蚀，少数通道优先扩展成为主要通道。

　　于是水流的组织程度提高，岩溶水系统的水首先汇入主径流通道，然后再沿主径流通道泄向排泄区。随着水流越来越集中的正反馈机制的加强，岩溶演化加快。当主体通道的宽度达到5～50mm时，紊流开始出现，地下水开始具有一定机械搬运能力，岩溶演化进入快速发展阶段。

　　随着水流越来越向少数通道集中并使后者优先发展，于是便建立起了比较畅通的径流排泄网，地下水循环速度加快，补给更加集中。随着通道扩大水流集中，紊流出现并逐渐增加。在紊流条件下，从岩石表面溶解下来的离子进入水中的速度至少可提高一个数量级。同时，由于紊流运动的地下水携带固体颗粒对围岩进行撞击磨蚀，水流的机械侵蚀能力也增强。

　　快速演化阶段，介质场与流场发生以下变化：

　　（1）地下水流对介质的改造由化学溶蚀变为机械侵蚀与化学溶蚀共存，机械侵蚀变得愈益重要。

　　（2）地下出现各种规模的洞穴。

　　（3）地表形成溶斗及落水洞，并以它们为中心形成各种规模的注地，汇集降水。

　　（4）随着介质导水能力迅速提高，地下水位总体下降，新的地下水面以上洞穴干涸，失去进一步发展的动力。

　　（5）通道争夺水流的竞争变得更加剧烈。最终只剩下少数几个（甚至只有一个）大的管道优先发展，其余的管道要么依附于这些大管道成为其支流，要么成为被地下水抛弃的干涸管。

　　（6）不同地下河系发生袭夺，地下河系不断归并，流域不断扩大。

　　通过以上讨论我们可以看到，水流在进入可溶岩之前吸收了一定化学能。在进入可溶介质时，由于边界和介质的控制，使化学能在空间上分配的不均匀，从而导致介质演化（岩溶发育）的不平衡。当发展到一定阶段，介质场的演化带处地下水流场偏离初始状态，完整的岩溶水系统开始形成。

　　7.3.4.2　地下水流动系统与岩溶发育的空间特征

　　某些生产课题如水资源开发利用、水电工程渗漏防治、矿坑突水灾害预防等都要求比较准确地判断岩溶水系统的岩溶空间发育特征，特别是大的岩溶洞穴及管道的位置与走向等。

地下岩溶乃是地下水流对可溶介质改造的结果。地下水径流条件是控制岩溶最活跃最关键的因素。地下径流越强烈，地下水的侵蚀性越强，输入的化学能及溶解携走的 $CaCO_3$ 便越多，在可溶岩中留下的空洞的总体积便越大。从这个意义上说，可溶岩中溶蚀产生的各种隙缝管洞乃是地下水流的"化石印模"，记载着地质历史时期地下水径流方向、强度乃至持续时间的信息。换个角度说，为了分析岩溶发育规模及岩溶水分布规律，我们必须致力于恢复现代及地质历史时期岩溶水系统中的地下水流场，在这方面，流网分析是很有用的工具。

在给定的气候条件下，某一部位的地下径流强度乘以作用时间，大体上可以说明该部位输入总化学能，与可溶岩岩性结合即可估算输出的总物质量（被溶解携走的 $CaCO_3$，$MgCO_3$ 等），地下径流强度可以用渗透流速 V 表征，而后者又是渗透系数 K 与水力梯度 I 的乘积。因此，当我们预测一个地区岩溶发育规律时可以从分析不同部位的岩性（可溶性）、初始透水性以及势场着手，绘制示意性流网，根据流线的稀密推断岩溶空间分布特征。以下试举例加以说明。

处于同一气候条件下构造开启程度不同的岩溶含水系统可能由于地下水径流交替条件不同而具有不同的岩溶发育程度。如图 7-10 所示，a 岩溶含水系统在可溶岩之上无隔水层覆盖，有利于接受降水补给与径流排泄，流线最为密集，岩溶最为发育。越靠近排泄区流线越密集，岩溶越发育，排泄区断层附近的流线最为密集，岩溶也最发育。b 岩溶含水系统上覆隔水层，但断层导水，径流条件较差，流线较为稀疏，岩溶发育较差。c 岩溶含水系统上覆隔水层且断层不导水，除了石灰岩裸露区浅部有短程地下水径流，岩溶有一定发育外，深部地下水不发生径流，无岩溶发育。

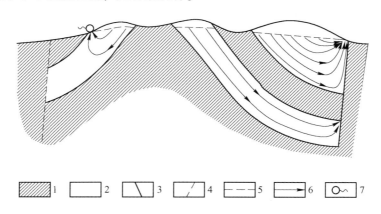

图 7-10　不同构造开启程度岩溶含水系统中岩溶发育条件

1—非可溶岩隔水层；2—石灰岩；3—导水断层；4—不导水断层；5—潜水面；6—地下水流线；7—泉

褶皱轴部尤其是向斜轴部，往往即是张开裂隙发育，又是地下水汇集的部位，流线在此格外密集，地下河系的主干往往沿此分布。广西地苏地下河系的主干即延向斜轴展布，其沿着横张裂隙发育的（见图 7-11）。

断层带往往也是岩溶集中发育处，原因也是此处透水性良好，流线密集。

在可溶岩与下伏隔水层的接触面上往往会发育成层的溶洞，这是由于水流下方受阻，

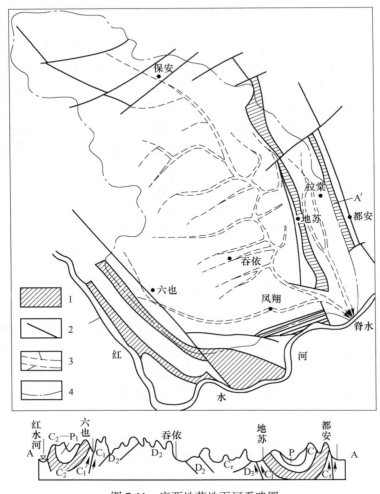

图 7-11　广西地苏地下河系略图

1—相对隔水层；2—断层；3—地略间；4—地下河系分水岭界限

（平面内分水岭界线均为石灰岩及白云岩；剖面图未标者均为石灰岩及白云岩）

流线密集于接触界面上所致（见图 7-12）。

在一个裸露碳酸盐岩层中，岩溶发育与地下水流动是相适应的。如图 7-13 所示，地下水的流动系统可以区分为非饱和流动系统、局部流动系统与区域流动系统。非饱和流动系统带位于地下水面以上。此带中地下水以大气降水的间歇性垂向运动为主。与此相应，常形成垂向发育的溶蚀裂隙、落水洞、溶斗及竖井等（当然其中有的形成与深部洞穴坍塌有关）。地下水面以下一定深度在局部侵蚀基准面控制下形成局部流动系统，此处循环深度浅，源汇距离短，地下水径流经常而强烈，大体以水平运动为主。在此带岩溶最为发育，多形成以水平溶洞为主的管道系统（在排泄区也常见指向排泄点的倾斜溶洞）。由此向下为区域地下水流动系统，地下水流受区域性侵蚀基准面控制。径流途径长，径流迟滞且越往深处越缓慢，故此处岩溶通常不发育，到一定深度岩溶完全不发育。仅在特别有利的条件下（如存在导水性良好的断层带，或存在混合溶蚀作用条件下），在局部径流较强的地段形成岩溶洞穴。上面所说的乃是岩溶发育的某一时期的图景。现在我们考察一个理

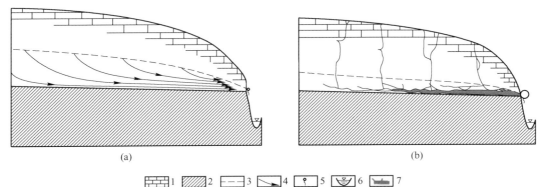

图 7-12 碳酸盐岩与下伏个水层界面上岩溶发育示意图

（a）流线示意分布；（b）岩溶示意分布

1—石灰岩；2—隔水层；3—地下水位；4—流线；5—泉；6—河流；7—溶蚀管道及裂隙

想的岩溶水系统发育演化的整个过程（见图 7-14），当最初在可溶岩中形成局部与区域地下水流动系统时，地下水在原有的孔隙-裂隙中流动（见图 7-14(a)），随着差异性溶蚀的进行，岩溶水自组织现象出现。当裂隙溶蚀扩展到一定程度，便形成与局部地下水流动系统相适应的多个地下管道系统（地下河）（见图 7-14(b)），侵蚀基准较低的地下河势能较低，构成较强的势汇，吸引较多的水流，使地下分水岭不断向另一侧迁移。溯源溶蚀不断发展，地下河系的流域不断扩展。当低势主干地下河扩展到与另一侧的地下河相通时，便袭夺后者使之成为低势地下河系的一个部分（见图 7-14(c)）。岩溶水系统的流域不断扩展、溶蚀作用不断进行，地下洞穴不断增加，介质导水能力不断加强，介质场的演化又反馈作用于渗流场，使岩溶水水力梯度变小，岩溶水水位降低，使一部分原先位置较高与局部地下水流动系统相适应的岩溶洞穴管道悬留于岩溶水水位之上而干涸。而原先径流缓慢的区域地下水流动系统则水流循环加速，最终发育成为范围包括整个碳酸盐岩体的形态完整的地下河系（见图 7-14(d)），岩溶水系统演变的自组织性，最终使由不同地下水流动系统造成的地下河统一成范围广大、排泄集中的地下河系。

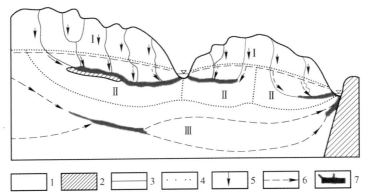

图 7-13 地下水流动系统与岩溶发育垂直分布

1—石灰岩；2—隔水层；3—地下水位；4—分带界限；5—包气带水流向；6—地下水流线；7—溶蚀裂隙及管道

Ⅰ—包气带；Ⅱ—局部岩溶水系统；Ⅲ—区域岩溶水系统

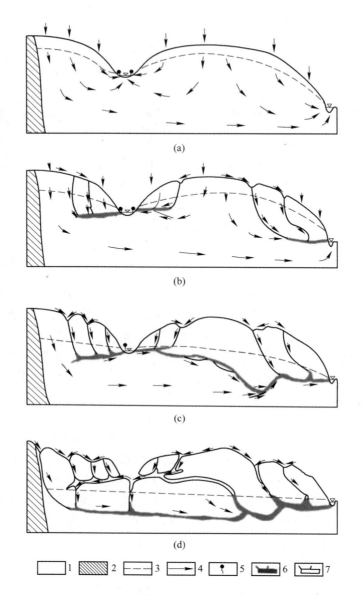

图 7-14　岩溶水系统演化过程示意图

（a）碳酸盐岩；（b）局部岩溶水系统形成阶段；（c）岩溶水系统的袭夺；（d）统一地下河系的形成

1—碳酸盐岩；2—隔水层；3—地下水位；4—水的流向；5—泉；6—充水岩溶管道；7—干涸管道

上述例子说的是地壳运动相对稳定，侵蚀基准面长期不变化条件下岩溶发育的分带特征。显然，当构造运动引起侵蚀基准面升降时，地下水流动系统发生变化，从而影响岩溶的垂直分带。如果地壳持续上升，饱和带以下水流系统不断转化为非饱和带的垂直水流，整个碳酸盐岩体岩溶便不发育且以垂向溶蚀裂隙及规模不大的垂向洞穴为主。如果地壳运动表现为多阶段的间歇性抬升与较长时期的稳定相交替，则相应于稳定时期的侵蚀基准面，可能找到若干层以水平为主的洞穴。显然，如地壳较长时期稳定于某一基准面形成水平溶洞然后下降受到后期沉积物的埋没，则可以形成埋藏的岩溶发育带。

7.3.5 溶水的特征

7.3.5.1 岩溶含水介质的特征

岩溶含水介质具有很大的不均一性，既有规模巨大、延伸长达数 10km 的管道溶洞，也有十分细小的裂隙甚至孔隙（包括洞穴沉积物中的孔隙），由于大泉往往从溶洞流出，而钻孔与坑道也是在揭露溶洞时才出现可观的水量，因此，有一个时期，人们曾错误地认为岩溶水如同地表水在河道中流动一般只是在若干个孤立的管道系统中流动，近年来，人们对岩溶泉动态进行了深入研究，终于发现，供给泉的水量只有百分之几到百分之十几来自溶洞管道。绝大多数水是由裂隙与孔隙释出，经由溶洞流出的。现在人们已经认识到，初始的岩溶含水介质包含为数众多的各种尺度的裂隙以及孔隙，这些初始的空隙在溶蚀过程中不同程度地溶蚀扩展，有的发育成为尺寸很大的溶洞管道，有的仍然保持为细小的空隙。因此岩溶含水介质实际上是尺寸不等的空隙构成的多级次空隙系统（见图 7-15）。

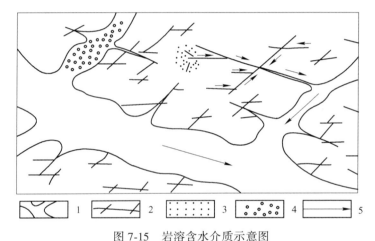

图 7-15　岩溶含水介质示意图

1—岩溶管道；2—裂腹（被溶蚀扩大与未被溶蚀扩大的）；3—原生孔隙；
4—洞穴堆积物中的孔隙；5—水流方向（箭头长度代表水流大小）

上述尺度不等的空隙彼此之间存在着不同程度的水力联系，构成宏观上具有统一水力联系的岩溶含水介质。广泛分布的细小孔隙与裂隙，导水性差而总的容积大，是主要的贮水空间。大的岩溶管道与开阔的溶蚀裂隙构成主要导水通道。规模介乎两者之间的裂隙网络兼具贮水空间与导水通道的作用。当钻孔或坑道揭露主要导水通道时，广大贮水空间中的水通过贮水—导水网络逐级汇集到溶蚀管道，水量极大。只揭露少数规模不大的裂隙时，汇集水量有限。钻孔或坑道只揭露到导水通道与裂隙网络之外的含水介质时，由于细小孔隙与裂隙的导水性很差，往往干涸无水，岩溶水水量分布极不均匀、宏观上统一的水力联系与局部性水力联系不好，是由岩溶含水介质的多级次性与不均质性决定的。

7.3.5.2 岩溶水的运动特征

由于岩溶含水介质的空隙尺寸大小悬殊，因此在岩溶水系统中通常是层流与紊流共存。细小的孔隙，裂隙中地下水一般作层流运动，而在大的管道中地下水洪水期流速每昼夜可达数公里，一般呈紊流运动。

由于介质中空隙规模相差悬殊，不同空隙中的地下水运动不能保持同步。降雨时，通过地表的落水洞、溶斗等，岩溶管道迅速大量吸收降水及地表水，水位抬升快，形成水位高脊（见图7-16(a)），在向下游流动的同时还向周围的裂隙及孔隙散流。而枯水期岩溶管道排水迅速，形成水位凹槽（见图7-16(b)），周围裂隙及孔隙保持高水位，沿着垂直于管道流的方向向其汇集。在岩溶含水系统中，局部流向与整体流向常常是不一致的。岩溶水可以是潜水，也可以是承压水，然而即使赋存于裸露巨厚纯质碳酸盐岩中的岩溶潜水也与松散的沉积物中的典型的潜水不同，由于岩溶管道断面沿流程变化很大，某些部分在某些时期局部的地下水是承压的，在另一些时间里又可变成无压的。

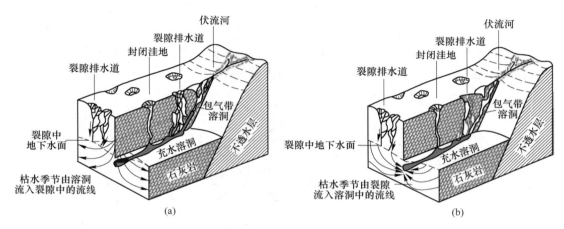

图 7-16   岩溶介质中的地下水流动

(a) 洪水季节；(b) 枯水季节

7.3.5.3   岩溶水的补给、排泄与动态

典型的岩溶化碳酸盐岩含水层，由于深部洞穴坍塌而在地表形成一系列通向地下水面的溶斗、落水洞与竖井，岩溶含水介质吸收降水的能力大为增强。通常条件下大气降水是面状补给地下水的，但在强烈岩溶化地区，降水汇集到处于低洼的溶斗、落水洞等直接灌入，短时间内即可顺畅地达到岩溶水水面。我国南方岩溶发育的地区，降水入渗系数可达80%以上，岩溶发育较差的我国北方，降水入渗系数也可达30%以上。

在岩溶发育过程中，由于岩溶水系统不断扩大其汇水范围，力求尽可能大区域内的水纳入系统之中。并且随着含水介质岩溶发育，岩溶水水力坡度变小，水位大幅度下降，于是原来成为岩溶水排泄去路的河流往往反而成为地下水系的地上部分。整条河流转入地下在岩溶化地区是屡见不鲜的。例如，我国湖北的清江在利川城东北通过一个大落水洞全部注入地下。又如，多瑙河流经德国岩溶地区，一年中只有几个星期河中有水，其余时间里全部河水漏失地下，补给12km以外的阿赫泉，然后汇入莱茵河。

地下河系化的结果常常使数百甚至数千平方千米范围内降水构成一个统一的水系，由一个岩溶泉或泉群集中排泄，泉流量常常可达 $1m^3/s$ 以上，洪水季节甚至可达 $100m^3/s$ 以上，是名副其实的地下河。

在典型的岩溶化地区，灌入式的补给、畅通的径流与集中的排泄，加上岩溶含水介质的空隙率（给水度）不大，决定着岩溶水水位动态变化非常强烈，在远离排泄区的地段，岩溶水水位的变化可以高达数十米乃至数百米，变化迅速且缺乏滞后。泉的流量变化也很大。当然，含水介质的性质对于岩溶泉的动态有很大影响。图 7-17 为美国宾夕法尼亚州的石头泉（Rock spring）及汤普逊泉（Thompson spring）在 1972 年 7~8 月间对当地暴雨的不同响应。两泉面积相近（分别为 14.3km² 与 11.2km²），但前者为岩溶强烈发育的石灰岩组成的岩溶含水系统，后者则是岩溶不发育的白云岩裂隙岩溶含水系统。

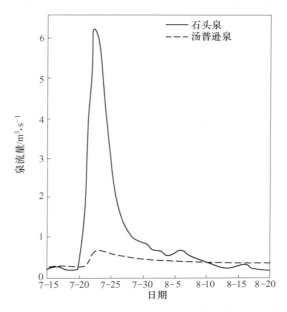

图 7-17　含水介质不同的岩溶含水系统泉的动态比较

由于岩溶水集中排泄，系统范围大，而水力梯度较小。因此作为补给区的岩溶化山区，岩溶水的埋藏深度常常可达数百米，又无泉水与地表水，即使在潮湿气候下，岩溶山区常常也成为严重缺水的干旱地区。

思　考　题

7-1　名词解释

孔隙水，裂隙水，成岩裂隙水，风化裂隙水，构造裂隙水，等效多孔介质方法，岩溶。

7-2　简答题

（1）洪积扇中地下水一般分几个带，各带有何特征？

（2）黄土中地下水有哪些特点？

（3）裂隙水有哪些特点？

（4）为什么说地下水径流条件是控制岩溶发育最活跃最关键的因素？

（5）裸露区碳酸盐岩层中，地下水的流动系统可以划分为几个系统，各个系统的岩溶发育状况如何？

8 地下水渗流引起的岩土工程问题

8.1 流土和管涌

土工建筑物及地基由于渗流作用而出现的变形或破坏称为渗透变形或渗透破坏，如土层剥落、地面隆起、在向上水流作用下土颗粒悬浮、细颗粒被水带出以及出现集中渗流通道等。渗透变形是土工建筑物或地基发生破坏从而引发工程事故的重要原因之一。土的渗透变形类型主要有管涌、流土、接触流土和接触冲刷四种。但就单一土层来说，渗透变形主要是流土和管涌两种基本形式。下面主要讲述这两种渗透破坏形式。

8.1.1 流土

在向上的渗透水流作用下，表层土局部范围内的土体或颗粒群同时发生悬浮、移动的现象称为流土。任何类型的土，只要水力坡降达到一定的大小，都会发生流土破坏。

工程经验表明，流土常发生在堤坝下游渗流溢出处无保护的情况下。图 8-1 表示一座建筑在双层地基上的堤坝。地基表层为渗透系数小的黏性土层，厚度较薄。下层为渗透性大的无黏性土层，且 $k_1 < k_2$。当渗流经过上述的双层地基时，水头将主要损失在水流从上游渗入和水流从下游渗出黏性土层的过程中，而在砂土层流程上的水头损失很小，因此造成下游溢出处渗透坡降 i 值较大。当 $i > i_{cr}$ 时就会在下游坝脚处发生土体表面隆起、裂缝开展、砂粒涌出以致整块土体被渗透水流抬起的现象，这就是典型的流土破坏。

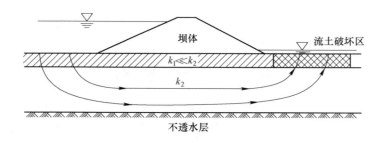

图 8-1 堤坝下游溢出处的流土破坏

若地基为比较均匀的砂层（不均匀系数 $C_u < 10$），当上下游水位差较大，渗透途径不够长时，下游渗流溢出处也可能会出现 $i > i_{cr}$ 的情况。这时地表将普遍出现小泉眼、冒气泡，继而砂土颗粒群向上悬浮，发生浮动、跳跃，也称为砂沸。砂沸也是流土的一种形式。

8.1.2　管涌

管涌是指在渗流作用下，一定级配的无黏性土中的细小颗粒，通过较大颗粒所形成的孔隙发生移动，最终在土中形成与地表贯通的管道，从而引发土工建筑物或地基发生破坏的现象（见图 8-2）。

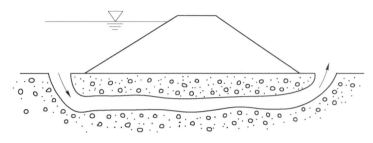

图 8-2　通过坝基的管涌示意图

发生管涌破坏一般有个随时间逐步发展的过程，是一种渐进性质的破坏。首先，在渗透水流作用下，较细的颗粒在粗颗粒形成的孔隙中移动流失；之后，土体的孔隙不断扩大，渗流速度不断增加，较粗颗粒也会相继被水流带走；随着上述冲刷过程的不断发展，会在土体中形成贯穿的渗流通道，造成土体塌陷或其他类型的破坏。

管涌通常发生在一定级配的无黏性土中，发生的部位可以在渗流溢出处，也可以在土体内部，故有人也称之为渗流的潜蚀现象。

8.2　地面沉降和地裂缝

地面沉降及地裂缝活动是由多种因素引发的地质灾害。造成地面沉降和地裂缝活动的主要原因是地质构造作用和人类活动，其中最主要的原因是地下水的过量开采，地下水的开采往往伴随着地面沉降和地裂缝等地质灾害。地下水开采引发地面沉降的实质是，由于开采导致含水层中孔隙水压力减小，有效应力增加，原本由土体骨架和孔隙水压力承担的总应力大部分向土体骨架转移，使得土体颗粒重新排序，土体骨架发生压缩，从而导致了地面沉降。土体孔隙中水压力的改变导致了土体的应变，土体参数随之改变，土体参数的变化会对地下水渗流产生影响，如渗透系数等，进而影响地下水的渗流。孔隙水压力和土体应变相互作用，因此地下水开采引起的地面沉降属于与多孔介质有关的流固耦合问题，Terzaghi 固结理论和 Biot 固结理论是解决地面沉降这种流固耦合问题的基础理论，很多学者在后续工作中对上述两种理论进行了修正和扩展。

地面沉降区域范围较大，过程较为缓慢，所以沉降初期不易被察觉，很难引起重视。地面沉降是一种对资源利用、环境保护、经济发展、城市建设和人民生活构成威胁的地质灾害。地裂缝活动往往发生在断层发育的含水层系统中，这是由于含水层断层发育导致基岩起伏，压缩模量较小的土层厚度不均匀，地下水的开采会产生差异沉降，差异沉降会导致上下两盘土体产生错距，使上覆土体发生剪切破坏；而在渗流力的作用下，地表会出现拉张区域，使土体出现拉张破坏。国内外学者对地下水开采地裂缝的成因进行了很多研究，其中包括差异沉降机制和水平拉张应变机制等。

典型案例如西安地区长期对地下水强烈地开采引发了地面沉降和地裂缝地质灾害。最大沉降量已经到达了 3m，地裂缝已经发展到了 14 条之多。根据张家明的断块掀斜模型如图 8-3 所示，西安地区在构造应力下形成若干北倾的块体，每两块相邻块体的交界面即为断层，每个块体相对于其北面的块体经以地裂缝为界面向下倾滑（张永志等，2008），而对承压含水层地下水的长期开采，激发并加剧了这种向下倾滑的趋势。如图 8-3 所示地下水的开采激发了差异沉降，上盘沿断层向下倾滑，上下两盘产生错距，地表出现地裂缝，并且在地裂缝两侧形成梁地和洼地。

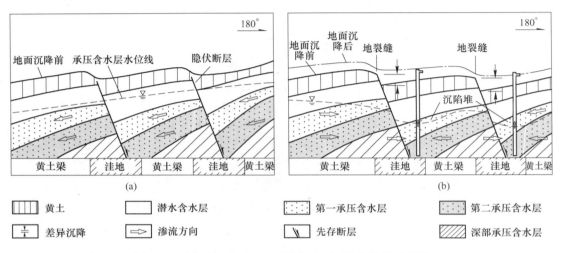

图 8-3　西安地区地下水开采激发地面不均匀沉降示意图
（a）地下水开采前；（b）地下水开采后

8.3　泥石流灾害

8.3.1　泥石流概述

泥石流是一类常见的山地自然灾害现象，其分布主要受气候、地质和地貌控制，且在一定的外力作用下，表现出局部区域性特点，比如沿深切割地貌屏障迎风坡密集分布、沿强烈地震带成群分布、沿深大断裂带集中分布、沿生态环境严重破坏地带分布等。近年来，随着全球极端气候频现和地震带活动加强，泥石流灾害不断发生，泥石流在发展演进过程中对其影响范围内的人类生命财产、基础设施和生态环境等造成了严重危害，主要形式包括淤埋、冲毁、撞击、堵塞河道等，泥石流是我国山区地质灾害中的主要类型之一。自 21 世纪以来，泥石流灾害累计造成我国直接经济损失约达 80 亿元。2008 年汶川大地震及 2010 年和 2013 年西南地区暴发的极端暴雨事件，引发了多场规模巨大、危险性极高的特大型泥石流灾害，对当地人民的生命财产和生活环境造成了严重危害。

泥石流是一种由山区坡地上或沟道内的松散岩土体和水体在重力作用下发展而成的快速运动的地质过程现象。根据泥石流形成的地貌形态特征，可将其划分为坡面型和沟道型两类，前者通常由浅层滑坡发展而成，规模较小，后者由沟道内堆积体侵蚀或堵塞体溃决形成，规模较大且危险性高，为本书研究对象。根据地貌演化过程中不同泥沙输移现象的特征，泥石流属于短时间尺度的泥沙连通正反馈现象，如图 8-4 所示。

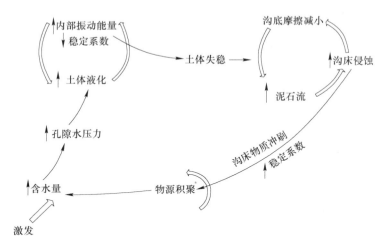

图 8-4　泥石流演化过程示意图

　　根据泥石流演化的概化过程图，泥石流地貌过程包含土体失稳，以及水土混合形成泥石流的两个泥沙连通正反馈现象；泥石流的形成和发展过程可以分解为土体液化失稳、沟床侵蚀形成泥石流，以及沟床物质积聚三个主要物理过程。

　　泥石流的形成条件包括流域内固体松散物质的贮量和陡峻的地形作为内在要素，以及一定强度的降雨、冰川融雪等水文条件作为外部诱因。广义的泥石流形成过程包括由侵蚀搬运形成准泥石流体和准泥石流体起动转变为泥石流的两个阶段，其中，前者是一个延续几年、几十年、甚至地质年代，广布于流域的长期过程，是泥石流灾害风险评估的重要对象，属于侵蚀学范畴；后者是一个几秒至几十分钟，多集中于沟槽中的短暂过程，是泥石流灾害预警预报的重要对象，属于动力学问题。

　　根据泥石流形成能量来源或动力条件的差异，可以将其划分出不同类型。20 世纪中叶，苏联学者 C. M. 弗莱斯曼通过大量野外调查资料分析，首先将泥石流形成的能量来源划分为动力、重力和动力-重力三类；另一位苏联学者维诺格拉多夫将泥石流形成类型划分为侵蚀型、滑移型和侵蚀—滑移型，并从河床水力学观点出发，分析了泥石流的河床自保护层遭受破坏的力学过程。20 世纪 80 年代，日本学者 Takahashi 根据泥石流形成原因的不同，将其起动类型划分为沟道侵蚀型、滑坡触发型和堵塞体溃决型。从动力学角度考虑，泥石流起动模式大致可分为水力类和土力类两种，20 世纪 80 年代，我国学者钱宁和王兆印基于泥沙运动力学理论，通过分析泥沙运动状态随水流强度增加的变化特征，对水力类泥石流的起动模式已有阐述；近期，冯自立等对国内外学者关于土力类泥石流起动模式的研究成果做了较为系统的评述。

　　目前，关于沟道型泥石流形成机理的研究主要包括野外观测、物理试验和数学模型等三方面。野外观测通过掌握不同流域概况，结合实时监测仪器收集的数据分析泥石流的起动条件和物理过程；物理试验通过控制泥石流的形成条件，重现泥石流起动过程，同时借助各种技术手段获得各种不同组合条件下泥石流的起动规律，基于野外或试验的直观认识，学者们对于泥石流的形成过程作了多种归纳阐述，比如提出了"消防水管效应""揭底作用"或"滚雪球""级联溃决"等现象。Chen 等人根据试验现象将土体失稳形成泥石流概括为径流产生、土体开裂、土体开溜、土体溜滑和泥石流形成五个过程。舒安平等人根据试验现象将泥石流形成过程划分为固体颗粒起动、固体颗粒加速混掺及固液两相流形成三个阶段。近年来，国内外学者通过大量物理试验分析了不同因素对泥石流形成过程的影响规律，根据试验中水源提供方式的不同可将试验分为水流冲刷、人工降雨和坝体溃决三类，见表 8-1。

表 8-1　不同控制因素影响泥石流形成（起动）过程的试验结论

类别	控制因素	主要结论
水流冲刷试验	液相（泥浆）浓度	随着沉浆浓度增加，泥浆流冲刷卵石床面形成泥石流所需要的最小能量先减小后增大
	启动需水量	准泥石流体的起动坡降随细颗粒含量和土体饱和度的变化规律均为二次曲线；准泥石流体具有一定的力学性质，其起动表现出路径特性和发散性
	底床坡降、土体饱和度、细颗粒含量	泥石流形成区松散体的渗透系数与其孔隙率有极显著相关性；可将渗透系数换算成始发降雨强度
	土体孔隙率	将土体破坏与泥石流起动联系起来，可以基于有效应力和孔隙水压力的关系解释泥石流的起动过程
	土体组成，含水量	将土体破坏与泥石流起动联系起来，可以基于有效应力和孔隙水压力的关系解释泥石流的起动过程
	底床坡度、颗粒级配、土体饱和度	矿渣型泥石流试验中细颗粒含量为 28%，启动需水量最小；废渣堆质量越大、渣堆高度越高，矿渣越易起动；三角形断面较其他形态断面易起动
	坡降	不同坡降条件下，泥石流的形成模式存在差异；形成过程包括侵蚀揭底、侧蚀崩塌和堵塞溃决等
	渗流流量	堆积土体颗粒失稳、移动受渗流及水流冲刷共同作用；随着渗流流量增大，土体颗粒经历缓慢小幅滑动、过渡型滑动和快速流滑等阶段
	土体含水量	当土体含水量为 1%~5% 时，表面径流导致入渗并触发滑坡，进而形成泥石流；当含水量大于 5% 或小于 1% 时，泥石流由缓慢的沟道侵蚀，并伴随堵溃现象发生进而形成泥石流
人工降雨试验	黏粒含量	泥石流起动过程中黏性含量具有临界性，随着黏粒含量增加，泥石流起动所需时间先减小后增加
	降雨强度	细颗粒是导致堆积土体内部力学变化及从短暂的流土状态转化为泥石流的主要因素，不同降雨强度产生不同的水土力学作用现象
	降雨强度	不同降雨强度下，泥石流起动模式包括土体液化、滑坡转化，以及沟道侵蚀等；泥石流的规模和黏性与降雨强度并不呈现一致性关系

续表 8-1

类别	控制因素	主要结论
坝体溃决试验	坝体形态等	坝体溃决形式包括漫顶侵蚀、渗透管涌和滑动破坏
	坝体组成	溃坝能够改变流体性质、产生溃坝波、塑造沟道等
	不游洪水流量	堵塞体溃决形成泥石流，能够显著增大其规模
	不游洪水流量，堵塞形式	不同堵塞形式下，泥石流的形成过程不同；堵塞体溃决可显著增大泥石流规模

8.3.2 泥石流灾害成因

我国的泥石流成因类型归纳总结见表 8-2。

表 8-2 中国泥石流灾害成因类型

序号	成因类型	引发因素	启动模式	运动特征	危害特点
1	沟谷演化	降雨渗流	岩土饱水、山洪冲击	冲刷、侧蚀、刨蚀沟谷	冲击掩埋
2	坡地液化	台风暴雨	残坡积表层软化流动	坡面滑移、倾泻	冲击压埋
3	滑坡坝溃决	暂态壅水	渗流堵溃	山洪-泥石流	冲击损毁
4	工程弃碴溃决	暂态壅水	渗流堵溃	碎屑流、泥石流	冲击掩埋
5	尾矿坝溃决	排水不畅	渗透变形	泥石流	冲击掩埋
6	冰湖坝溃决	冰凌	壅堵溃决	山洪-泥石流	冲击损毁
7	堆积体滑塌侵蚀	降雨渗流	滑塌冲击、侵蚀	壅堵与溃决交替出现	冲击压埋

8.3.2.1 沟谷演化型

沟谷演化型泥石流是指自然沟谷受地质环境演化过程控制按一定时空规律出现的岩土堆积体饱水、运移、侵蚀、冲刷和堆积作用现象。沟谷泥石流可以划分出物源区、流通区和堆积区三个部分。基本特征是流域汇水面积大，运动路径长，破坏能力强，呈现一定周期性，且常常与崩塌滑坡相伴生（见图 8-5 和图 8-6）。

图 8-5 高雄县甲仙乡小林村泥石流

图 8-6 小林村泥石流侵蚀堆积现象

8.3.2.2 坡地液化型

坡地液化型（坡面型）泥石流主要是指区域台风暴雨或持续的局地暴雨在陡峻山地

丘陵区引发的斜坡岩土因快速饱水液化而突然向下流动倾泻的现象。坡面泥石流的特点是：

（1）规模小但多点成群成带出现；

（2）一般在数百至数千平方千米区域内出现；

（3）斜坡上部松散堆积层逐渐饱水软化，下部坚硬基岩表面隔水，二者接触带处形成渗流滑移带；

（4）同一地点可能出现崩塌—滑坡—泥石流次第快速转化的"链式"反应现象；

（5）单点损害小，群发区域总体危害大。

典型的灾难事件如：1999 年 8 月 13 日，湖南郴州市降雨量达 295.3mm（见图 8-7）。郴州北湖区郴江乡王仙岭地区泥石流造成 13 人死亡，1 人失踪，17 人重伤；2000 年 9 月 1 日，湖南郴州资兴市、桂东县等地因暴雨导致滑坡、崩塌、泥石流数百起，死亡 52 人，失踪 8 人（见图 8-8）。

图 8-7 湖区郴江乡王仙岭地区泥石流   图 8-8 湖南郴州桂东县泥石流灾害

8.3.2.3 滑坡坝溃决型

滑坡坝溃决型泥石流是指由于地震、降雨或工程活动引发的崩塌滑坡堵塞江河，因水位逐渐壅高、松散岩土渗透变形或新的因素激发导致滑坡堰塞湖溃决而形成的泥石流。

2000 年 4 月 9 日晚 8 时左右，西藏林芝地区波密县易贡藏布河扎木弄沟发生大规模山体滑坡，历时约 10min，滑程约 8km，高差约 3330m，截断了易贡藏布河（河床高程 2190m），形成长约 2500m、宽约 2500m 的滑坡堆积体，其面积约 5km^2，最厚达 100m，平均厚 60m，体积约 2.8 亿~3.0 亿立方米。山体滑坡产生的主要原因是由于气温转暖，冰雪融化，使位于扎木弄沟高达 5520m 以上雪峰的上亿方滑坡体饱水失稳，并沿陡倾岩层（倾角约 70°~80°）呈楔形高速下滑，撞击下部老堆积体和扫动两侧山体，转化为"碎屑流"，高速下滑入江，并撞击右岸老滑坡堆积体，形成高约 200m 的"土-石-水-气"混合体。其中，一部分翻越高约 150m 的老滑坡，摧毁滑体上高达数十米的茂密山松，并转化为泥石流，体积约 $500 \times 10^4 \text{m}^3$。2000 年 6 月 11 日崩滑堆积坝溃决造成下游 100 多人失踪。

8.3.2.4 工程弃碴溃决型

工程弃碴溃决型泥石流是工程建设过程中因地表开挖剥离或地下洞库开凿出碴而在沟

谷内不合理排放堆积，土石堆积体阻碍了地表径流或山洪通道，在强烈降水条件下形成暂时性堰塞湖，急剧的水位壅高和渗透变形使土石堆积体快速液化、沉陷和溃决而形成泥石流。2009 年 7 月 23 日凌晨 2 时 57 分，四川甘孜州康定县舍联乡长河坝水电工程施工场地发生特大泥石流灾害，造成 5 人死亡、4 人受伤，49 人失踪；掩埋和冲毁省级公路 S211线近千米；使大渡河河道缩小约 1/2（见图 8-9）。

图 8-9　四川甘孜州康定县舍联乡长河坝水电工程施工场地发生特大泥石流

8.3.2.5　尾矿坝溃决型

尾矿坝溃决型泥石流是由于尾矿、矿渣和水体的混合物逐渐使尾矿拦挡坝渗透变形、溃决冲出形成的。

尾矿坝内地下水浸润线升高会导致渗流梯度增大，向外的地下水压力导致坝外坡管涌、流土、塌滑等渗透变形加剧而发展为溃坝。

尾矿坝拦截形成的尾矿库是一个具有高势能的人造泥石流物源区，一旦尾矿坝溃决就容易造成重特大事故（见图 8-10）。

图 8-10　某尾矿坝溃决型泥石流灾害

8.3.2.6　冰湖坝溃决型

冰湖坝溃决型泥石流是形成于高寒山区的一种特殊泥石流类型。现代冰川前进跃动、冰舌断裂、冰湖岸坡出现崩塌或滑坡、温度上升导致冰川融化加速、湖口向源侵蚀加剧和冰坝下部管涌引起塌陷等作用下容易引发冰湖溃决。

　　冰湖溃决会导致数百万乃至上亿立方米的水体瞬时倾泻而下，冲刷、裹挟大量泥沙石块，形成来势猛、洪峰高、流量大、历时短、破坏力强的山洪泥石流灾害（见图 8-11）。

图 8-11　山西省临汾市襄汾县陶寺乡塔山矿区尾矿库溃决泥石流灾害

8.3.2.7　堆积体滑塌侵蚀型

　　堆积体滑塌侵蚀型泥石流是指自然或人为新生的崩塌滑坡或松散岩土堆积体因急剧降雨，斜坡表层因渗透饱水首先产生液化，形成塑流式滑坡或滑塌，继而沿滑坡洼地多次冲刷侵蚀，形成进行性沟道塑造和沟道侵蚀型泥石流（见图 8-12）。

图 8-12　四川汶川地震区文家沟泥石流

　　地震引发的崩塌滑坡碎屑流堆积体或自然/或人为堆积的岩土体处于松散欠压密、欠固结状态，在持续强降雨条件下会孕育形成此类泥石流，实质上是一种新斜坡的冲沟塑造问题。

　　表层滑塌起因于松散堆积体因排泄持续降雨入渗的能力不足而造成地下水滞留和水位升高，导致斜坡体的稳定性降低。

8.4　涉水崩滑灾害

　　浅表地质灾害主要有崩塌、滑坡和泥石流。地质灾害是由于自然或人为作用，多数情况下是二者共同作用引起的，在地球表层比较强烈地危害人类生命、财产、生存环境和社会功能的岩、土体或岩、土碎屑及其与水的混合体的移动事件。可以看出水的参与为地质灾害的发生和发展起到了促进作用。我国典型崩滑灾害成因类型见表 8-3，其中有水参与的滑坡占整个滑坡类型的多数，本书仅对与水相关的滑坡灾害做详细的分析。

表 8-3　我国崩滑灾害成因类型总结（据刘传正）

序号	成因类型	作用机理	破坏模式	运动特征	危害方式
1	降雨引发	岩土软化、渗流作用、浮托作用、水楔作用	塑性流动、平面滑移、楔形冲出、结构崩溃	崩塌、滑坡、碎屑流	冲击、摧毁、压覆、堵河
2	地震激发	反复张拉、快速剪切、瞬时抛射	层间脱离、脆性剪断、脆性拉断	弹射、崩塌、落石、滑坡、碎屑流	冲击、摧毁、压覆、堵河
3	自然演化	物理风化、化学风化、生物风化、断裂活动	渐进式松动、开裂、蠕动、滑移	崩塌、落石、滑坡、碎石流	冲击、摧毁、压覆
4	冻融渗透	裂缝张开、岩土软化、渗流作用	开裂、蠕动、座落、滑移、冲出	崩塌、滑坡、碎屑流	冲击、摧毁、压覆
5	地下开挖	悬板张拉、裂缝张开、倾斜滑移	倾倒、滑移、座落	崩塌、滑坡	冲击、摧毁、压覆
6	切坡卸荷	前缘卸荷、支撑弱化	座落、牵引	崩塌、滑坡	冲击、摧毁、压覆
7	工程堆载	后缘推动、激发	推移、蠕动、崩溃	滑坡、碎屑（石）流	冲击、摧毁、压覆

8.4.1.1　降雨引发型

降雨引发型崩塌滑坡的发生主要起因于持续降雨或前期降雨累积作用背景下的短历时暴雨激发。大型滑坡的发生一般滞后于主降雨过程 3~5 天，甚至更长，主要取决于岩土的渗透能力。岩土体的破坏模式主要表现为塑性流动、平推式滑移、楔形冲出或岩体结构崩溃破坏等。崩塌滑坡运动特征表现为崩塌、滑坡、碎屑流。危害特点表现为冲击、摧毁、压覆、堵河等链式反应。典型滑坡事件如都江堰市中兴镇三溪村滑坡，2013 年 7 月 8 日至 10 日，四川都江堰区域持续降雨 40 多小时，降雨量达到 941mm，强降雨激发都江堰市中兴镇三溪村五里坡发生顺层滑坡（见图 8-13），造成当地村民及外来休闲度假人员 161 人死亡或失踪。河南嵩县白河滑坡如图 8-14 所示。

图 8-13　都江堰市中兴镇三溪村滑坡

图 8-14　河南嵩县白河滑坡

8.4.1.2　冻融渗透型

冻融渗透型崩塌滑坡主要是由于冰雪冻融引发斜坡岩土体的变形破坏。作用机理是冰雪融水灌入裂缝造成岩土软化和渗流作用。破坏模式是开裂、蠕动、座落、滑移和冲出。分为 3 种：

（1）冰雪冻融提供水源，沿松散斜坡表面下渗并向深部发展孕育形成滑坡；

（2）农林灌溉渗入斜坡内部隔水层积水，冬季在斜坡前缘因冻结膨胀作用形成"滞水效应"，春天冰融软化土体，被阻止渗透的水压力释放引起滑坡；

（3）土体冬季冻结，孔隙水成冰膨胀，初春表层土体融化软化直接形成小规模滑塌现象。

典型滑坡如 2009 年 11 月 16 日 10 时 40 分，山西省中阳县张子山乡张家咀村茅火梁一带发生黄土崩塌地质灾害，造成 23 人死亡（见图 8-15）。2013 年 3 月 29 日凌晨 6 点西藏甲玛发生滑坡事件（见图 8-16）。

图 8-15　山西省中阳县张子山乡张家咀村
茅火梁一带黄土崩塌地质灾害

图 8-16　西藏甲玛滑坡事件

8.4.1.3　水库浸润型

水库浸润型崩塌滑坡主要是由于水库水位涨落伴随的反复浸润作用引发的。作用机理是水位升降在斜坡内部产生软化作用、浮托作用和向外的动水压力作用。水位上升会造成岩土体的强度软化和悬浮减重效应。水位快速下降则会在坡体内引起向外的动水压力急剧增大而坡面的库水压力急剧减小，从而引发斜坡急剧变形甚至整体滑坡。破坏模式表现为崩落、平移、推移、牵引、座落和冲击涌浪运动特征。2003 年 7 月 13 日零时 20 分，湖北省秭归县沙镇溪镇千将坪村二组和四组山体突然下滑 $1542 \times 10^4 m^3$，滑坡历时 5min，造成 5 人死亡，19 人失踪。房屋倒塌、厂房摧毁、省道宜巴公路交通中断、青干河堵塞。129 户村民房屋被毁，连同被毁企业共 1200 人无家可归（见图 8-17）。

8.4.1.4　灌溉渗漏型

灌溉渗漏型滑坡主要是由于农林草地灌溉引发的，其作用机理是灌溉水流渗漏、软化斜坡土体，在隔水界面处产生浮托和动水压力作用，逐渐导致斜坡开裂、蠕动、座落和滑移形成滑坡。由灌溉渗漏引起的滑坡如图 8-18 所示。

图 8-17 湖北省秭归县沙镇溪镇千将坪村二组和四组山体突然滑坡

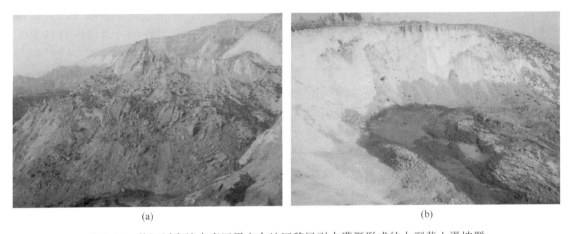

(a)   (b)

图 8-18 黄河刘家峡水库区黑方台地区移民引水灌溉形成的大型黄土滑坡群

（a）黑方台塬边开裂、递次滑动形成高陡阶梯式变形斜坡；

（b）黄土塬上灌溉水沿黄土/泥岩界面持续渗出，形成滑坡并逐渐呈塑流状态

思 考 题

8-1 如何理解"地下水是不可忽略的致灾因子"这句话？

9 渗流与岩土工程灾害及事故案例

9.1 白河滑坡地质灾害

9.1.1 滑坡水文地质特征

河南省嵩县白河滑坡为一降雨诱发的土石混合体滑坡，滑坡平面形态总体上呈"圈椅"状。滑坡主滑方向54°，前缘前缘宽度约120.0m，面积为16143m²。滑坡区内发育着大小冲沟，冲沟切割深度多在4~8m。地势南高北低的倾斜状，微地貌则呈两边高中间微低形态，受冲沟的切割，滑体表面中间低两边高的洼地形态，横向上地面谷岭相间。钻探资料提示，滑体厚度为7~34.65m，平均厚度21m。现场勘查资料表明，滑坡区存在上下两套含水系统。以滑带及滑带以下角闪片岩顶板为界，滑坡松散堆积层中赋存孔隙潜水、滑床角闪片岩中赋存基岩裂隙水。滑坡发生前，坡体上部为块碎石夹粉质黏土构成的相对隔水层，下部角闪片岩为相对富水的承压含水层。滑坡发生后，由于滑体解体，形成了大量的裂缝，滑体的渗透系数远大于滑床角闪片岩裂隙渗透系数，潜水补给承压水。滑坡上部的粉质黏土夹碎块石土成为相对富水的含水层，岩土体结构松散，孔隙大，贯通性好，透水性强；而下部角闪片岩层裂隙受滑带土的阻隔，成为相对不富水层。基岩裂缝水赋存于下伏角闪片岩的裂缝中，地下水以脉状水流在裂缝中运移，接受大气降水补给，在地形低洼处或因片岩阻水而以泉水或漫渗方式溢出地表，角闪片岩中的夹层泥岩，其相对隔水层作用往往在适当部位出现溢出泉。滑坡发育处基岩以角闪片岩为主，在外力作用下，挤压直对较紧密，富水性较差，因此在下文的渗流模拟分析时，将其视为隔水层处理。大气降水主要对松散堆积层滑坡中的地下水进行不断的补给，由于坡体上发育着大量的积水洼地冲沟和裂缝，它们引发的地表水侧向渗透也是地下水的主要补给源之一。

受斜坡地形的控制，地下水水位线总体由坡顶向坡脚处依次降低，形成较为连续的水力梯降，最终汇入白河。但是受到滑坡后缘地形、滑面坡度、滑坡体裂缝发育密度和渗透性的差异的影响，在滑坡体后部地下水水力梯度较大，流速较快，水位埋深较大；在滑坡体前部地下水水力梯度变小，流速减缓，水位埋深变浅，出现一定面积的积土洼地和湿地，前缘剪出口一线是地下水的排泄带，汇入白河。

9.1.2 滑坡启滑机制分析

根据白河滑坡变形破坏特征及渐进破坏成因分析，白河滑坡渐进破坏机制可总结为：滑坡中后缘变形体分布棋盘状拉裂缝，前缘白河的冲刷，随河谷下切、风化裂缝、卸荷裂缝及河流侵蚀等的表生改造作用，坡体结构不断发生变化，坡体内应力场不断调整，斜坡表面的主应力迹线发生明显偏转。由于应力分异的结果，在坡面处产生应力集中带，表现为坡顶出现拉应力，坡脚出现剪应力。与一般地人工边坡有所不同，白河南山斜坡形成于漫长的地质年代中，在没有经受外部较大荷载的冲击影响作用下，斜坡中的应力场在长期的地质时期中已经完成调整并处于长期的自然稳定平衡状态，只是受 2010 年 7 月强大暴雨作用老滑坡局部地段开始复活，出现局部范围内的滑塌。在持续的降雨作用下，滑坡原有的后缘拉张裂缝饱水，雨水下渗使原来的地下水线上抬，造成坡体中原有的渗流发生明显地改变，加之坡体覆盖层土体因饱水容重增加，从而斜坡的重力场也发生了改变，这两方面原因引起斜坡天然应力场的变化，受坡形影响，位于应力集中地段的滑面剪应力可能会到或直接达到甚至超过斜坡岩土体的峰值抗剪强度而失稳，其次在水的软化作用下坡体中的软弱夹层（滑带）亲水性较强，由于存在有易溶于水的矿物，浸水后发生崩解泥化，进而软化破坏，或者由于岩土体的流变性质，滑带土在受重力及动静水压力的作用而发生蠕动，达到并超过其长期强度而破坏。位于应力集中地带的岩土体失稳后，地面出现明显的宏观变形（比如地面沉降、陡坎及凹陷等），土体的抗剪强度随变形量的不断增大而进一步降低，岩土体的抗剪强度和承载力不断下降，超过其承载能力的应力发生释放并向临近区域转移，导致其临近区域承受的应力增加；同时由于宏观变形的出现，造成滑坡中后部地表出现大量拉张裂缝，降雨或地表水沿后缘滑体裂缝进入坡体直至入渗到滑床接触面处，一方面使坡体内的动静水压力显著增加，导致已破坏区域及其临域承受的应力继续增加，另一方面使这些部位的岩土材料强度降低得更为充分，加剧其变形的发展。在裂缝水压力和渗透力的作用下，前缘的蠕变变形不断增加，蠕变积累到一定程度后，局部会发生滑移，使临空面不断扩大，进而发生整体滑动。其渐进破坏机制具体阐述如下：

（1）白河街村南山滑坡前缘为白河，在水流的不断下切作用下对斜坡岩土体冲刷潜蚀，坡体前缘临空，起初残坡积物很薄，在连续降雨的作用下，残坡积物不会发生滑动，下部基岩受水浸泡软化，向临空面方向发生蠕滑变形，因蠕滑-拉裂作用滑坡后缘逐渐出现一系列棋盘式拉张裂缝，古滑坡逐渐复活。

（2）当蠕滑变形发展到一定程度，滑坡后缘粉质黏土夹碎石层就会出现一系列较大的拉张裂缝，在裂缝水压力及岩层软化的共同作用下，附近的岩土体会出现突然下滑，裂缝下错量增大，表现出明显的水平和竖向位移，形成陡坎。

（3）滑坡后缘粉质黏土中拉张裂缝出现后，受强降雨影响，拉张裂缝中就存在静水压力，在裂缝水压力和渗透压力的共同作用下，坡体的蠕变变形不断增加，蠕变积累到一定程度后，局部会发生滑移，推动坡体向前蠕变发展，在滑移部位会出现相对的滑床凹地，相对滑移时，形成剪力区并出现剪裂缝，两边通常伴有羽毛状裂缝。滑床凹地中角闪片岩直接裸露在地表，其风化剥蚀作用大大增强，残坡积物被地表水带走，凹地形越来越明显。

（4）滑坡中后缘的岩土体在后缘岩土体蠕滑后，由于后缘架空，也随之出现剪切变形，不断滑动推挤下部岩土体向前发展。坡脚处岩土体不断向前缘凹地堆积，已滑落至河床沟谷中的石块和松散堆积层被水流携带到白河中，斜坡长期在降雨的影响作用下，坡体中性质差的软弱夹层蠕滑位移不断增大，同时，在风化营力作用下，表层角闪片岩风化不断加剧成为黏土而滑入凹谷，前缘滑坡剪出口处松散堆积体厚度不断加大，前缘形成放射状的扇形裂缝，雨水入渗，土体重度增加。一方面，凹地以下软质土体发生弯曲变形，变形产生于上覆厚层土体自重的增加，局部基岩地层出现缓倾角的反翘，此时滑坡阻滑段形成；另一方面，凹地中堆积体受到深入河谷中的基岩的阻碍作用而停止滑动。

9.2　永莲隧道突水涌泥地质灾害

9.2.1　典型突水涌泥灾害

　　在世界范围内，隧道通过破碎带时发生突水、坍塌的灾害最为常见，其工程事故数不胜数。典型的如台湾12.9km长的雪山隧道，隧道穿越复杂地质条件，施工中遇到数条断层和构造破碎带，施工期长达15年，超前导硐和主洞施工过程中先后分别发生42次和48次塌方。江西吉莲高速永莲隧道地质条件特别复杂、施工难度极大、安全风险极高，素有"国内罕见、江西第一难隧"之称。永莲隧道左洞长2486m，右洞长2494m，是江西省内施工难度最大的公路隧道，也是施工难度国内罕见的隧道之一。永莲隧道所穿越的钟家山山脉包含多条断裂带及山体滑塌区，大部分隧址区处于断裂带或断裂带影响区，地下水异常丰富。特别是2012年6月以来，突水突泥、涌水涌泥、塌方、初支大变形等频繁发生，严重制约施工进度，隧道每天掘进不足1m（见图9-1）。

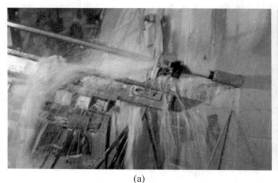

（a）　　　　　　　　　　　　　　　　　　　（b）

图9-1　江西永莲隧道典型突水涌泥灾害
（a）隧道突水；（b）隧道涌泥

9.2.2　断层破碎带突水涌泥机制分析

　　断层带岩体具有空隙大、渗透性好、结构疏松破碎、强度低等特点。地下水渗流作用对断层带充填物介质力学性质影响较大，是诱发断层破碎带岩体渗透失稳，导致突水突泥灾害发生的关键因素之一。渗流诱发断层突水突泥主要通过软化、泥化和力学破坏等作用形成。

　　地下水补充到岩体内部时，充填物颗粒通过表面吸着力将水分子吸附到其周围，颗粒之间的间距相对增大，胶结作用被弱化，岩体结构面间的摩阻力减小，从而对岩体产生润滑作用。地下水渗入致使断层充填物含水量增加，物理性状发生改变，岩体由固态向塑态甚至液态转化，断层带发生软化、泥化现象，造成岩体黏聚力和摩擦角值大幅度减小，力学性能发生蜕变。

9.2.2.1　渗流诱发通道扩展

　　地下水总是寻找构造带的软弱区域优先运移，并逐渐突破其关键部位，形成突水突泥。断层带破碎岩体基本呈现散体状结构形式，区域内岩体由岩块骨架（如断层角砾岩等）和充填物组成，细小充填物填充于岩块空隙中，岩块之间的空隙构成了良好的渗水通道。地下水在断层破碎带岩体裂（孔）隙通道中运动会对充填物颗粒产生渗透压力作用，可使颗粒物质产生移动，甚至被迁移带出岩土体，导致岩体空隙增加和结构稳定性变差。地下水流动时会对岩体孔隙或裂隙产生静水压力、渗流动水压力和拖拽力的三重力学作用。静水压力是一种表面力，对孔隙或裂隙壁产生法向作用力。渗流动水压力是体积力，力的作用方向与地下水流动方向一致，对岩体空隙细小充填物产生沿水流方向作用力。拖拽力是一种面力，对通道壁产生沿水流方向的切向拖拽作用。在静水压力作用下，通道壁面发生法向张拉变形和位移，利于通道法向扩展。在渗流动水压力作用下，充填物在渗透方向上发生剪切变形和位移，破碎带岩体通道颗粒由初始紧密的结构逐渐转化为松散稀疏的结构，甚至由塑态向液态转化。在拖拽力的作用下，通道壁面发生切向变形和位移，壁面的土体颗粒在水的浸泡和切向力作用下，极易发生迁移，随水流流出。

9.2.2.2 渗流失稳致灾

一方面，在地下水渗流作用下，岩体空隙通道中的原有充填物颗粒不断被运移带走，岩体空隙率增加。另一方面，在静水压力和拖拽力的作用下，新增岩体颗粒剥落迁移至空隙通道内，并被水流迁移带走，从而破碎带岩体渗透性不断增强。空隙和渗透性的增大又反过来增加渗流速度和渗透压力，导致更多的岩土体颗粒被地下水迁移带出岩体。这种渗流-应力耦合作用导致断层带岩体的渗透性不断增加，当平衡条件被破坏时，破碎岩体发生渗流失稳，诱发突水突泥地质灾害。

9.3　三山岛金矿矿山突水涌水地质灾害

我国有 1 万多座地下金属矿山，水害事故频繁发生（如南丹拉甲坡锡矿、顾家台铁矿等），给人民生命财产造成重大损失，严重影响和制约着矿山的安全生产。中国工程院院士蔡美峰在 2018 年矿业前沿与信息化智能化科技年会暨首届智能矿业国际论坛上指出，未来 10 年时间内，我国约 1/3 的地下金属矿山开采深度将达到或超过 1000m。在采深大于 1000m 的深部，岩体内含水层渗透压将达到 7MPa，使得岩体结构的有效应力迅速升高，并驱动岩体内裂隙扩展，导致矿井突水等重大工程灾害的发生。

三山岛金矿分为西山矿区和新立矿区，是我国目前规模最大的海底硬岩矿山。自 1984 年开采以来，不同中段和斜坡道发生几十次突水事故（见图 9-2），最严重的迫使矿山停产一年。其中，2000 年西山矿区在开通 3 个月之后，地下水在强大水压下挤破软弱岩层涌出，涌水量达 200m³/h。此外矿山每天还承受着巨大的排水量压力，西山矿区排水量为 30000m³/d，新立矿区排水量为 6000m³/d。突水和巨大的涌水量是三山岛金矿最主要的水患。

三山岛金矿由于金矿体沿 NE 38°～62°/SE∠40° 6′平均产状的三山岛断裂（F1）断裂面下侧分布，使得西山矿西北面临渤海，东南与陆地相连，向东北延伸至渤海，西南与完全位于渤海海底之下的新立矿相邻（见图 9-3）。研究区内控制井下采场和突水灾害的断裂主要为 F1 和 F3。F1 为压扭性断裂，断层泥发育，具有较好的隔水性。F3 为张扭性断裂，产状为 NW 305°/NE∠85°，位于西山矿采区北段，切错 F1 断裂，是西山矿区内最大

图 9-2　三山岛金矿-780m 中段脉外运输巷涌水现场图

的导水断裂。海底采场是一个由多场（应力场、渗流场）及不同介质（海底孔隙介质、基岩裂隙介质）组成的复杂系统，高强度采掘扰动与多场耦合作用，造成了覆岩移动、海底沉陷、断层活化和裂隙扩张等时效变形，影响与控制了海水的渗流及突水灾害的形成和演化，从而对海底矿床开采构成了重大安全隐患。

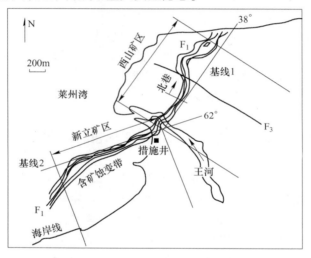

图 9-3　三山岛金矿矿区及断裂分布图

9.4　上海地铁四号线越江隧道事故

9.4.1　事故描述

浦东南路站—南浦大桥站区间隧道工程（见图 9-4）是上海市重大工程项目——地铁四号线工程的一个重要组成部分。浦东南路站到南浦大桥站区间隧道上行线长 2001m，下行线长 1987m，其中江中段 440m。区间隧道顶最大埋深为 37.7m，隧道中心线水平距离为 10.984m，隧道最大坡度为 3.2%。

盾构从浦东向浦西推进，在穿越黄浦江后经防汛墙、外马路、文庙泵站、音像制品批发交易市场进入中山南路，在穿越多稼路后隧道上下行线逐渐由水平同向推进转为垂直同

图 9-4　工程交通位置图

向推进直至浦西南浦大桥站。图中用深颜色表示的就是本次事故的发生区域。事故的发生点（见图9-5）位于隧道的联络通道处（又称旁通道），联络通道采用冰冻法进行施工（风井采用逆作法施工，已完成）。

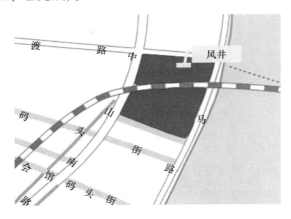

图9-5　事故发生位置

事故过程：

2003年3月，中煤上海分公司开始安装冻结设备，陆续供冷。

6月28日8：30，一台制冷机故障，下午4：00修复，发现土体温度3℃，停止冻土开掘。

6月30日，土体温度7.4℃，水压与第七层承压水压力相同，用干冰制冷。

7月1日凌晨，联络通道发生流沙涌水，导致隧道上下行线严重积水，进泥沙。同时以风井为中心的地面开始出现裂缝、沉降（见图9-6和图9-7）。之后音像楼发生明显变形，墙面开裂，房屋开始倾斜。地面裂缝明显加剧，沉降加快。文庙泵站明显沉降、倾斜，风井也明显沉陷。

图9-6　出现裂缝、沉降现象

图9-7　地面沉陷加快并逐渐形成沉陷漏斗

　　7月2日~3日，隧道内继续大量进水，水位上涨速度较快，约每小时涨移15m。管片损坏程度进一步扩展，并有管片连接螺栓绷断，响声传出。

　　地面沉陷的范围和深度在进一步扩大，以风井为中心的地面从沉陷漏斗发展成塌陷区，最深达4m，临江大厦门口地面塌陷最深处约2m（见图9-8），董家渡路沉陷达1m，中山南路明显下沉，地面开裂发展加快。

图9-8　临江花苑门口地面塌陷

　　音像楼倾斜加剧，楼板断裂；文庙泵站发生突沉（见图9-9）；临江花苑大厦沉降速率加快，沉降量达12.2mm，地下室出现裂缝。

图9-9　文庙泵站突沉

　　河床严重扰动、下沉、滑移，近30m防汛墙倒塌，近70m防汛墙结构严重破坏，黄浦江水冲向风井，并由风井进入地下隧道，加剧险情发展。

9.4.2　事故原因

　　事故原因总结如下：

（1）《冻结法施工方案调整》缺陷：降低对冻土平均温度要求：$-10 \sim -8℃$；制冷量不足：未考虑夏季施工损失；冻结管数量减少（24个减为22个），长度缩短（25m降至16m）。

（2）在冻结条件不太充分情况下进行开挖：要求冻结时间50天，实际43天；6月24日回路温差大于要求。

（3）施工单位对于险情征兆没有采取有效措施：压力水流出；土温上升；水压力达到承压水压力没有紧急止水措施，没向隧道公司和监理公司汇报；

（4）中煤上海分公司严重违章，擅自凿洞。

（5）监理公司现场监理人员失职：仅在6月25日、30日下井两次；29日、30日记："各项工作均正常。"

（6）隧道公司现场管理人员失职：6月24日~7月1日，质量员一次也未到工作面，28~30日记："一切正常"。

9.4.3 抢险技术措施

抢险技术措施如下：

（1）封堵隧道、向隧道内灌水、尽快形成和保持隧道内外水土压力平衡。

（2）减少地面附加荷载，防止对地面的冲击震动。

（3）防止黄浦江水和地表水进入事故区段对隧道损坏的加剧。

（4）稳定土体，减少土体扰动范围，补充地层损失。

（5）保障抢险安全，为抢险提供有力保障。

9.5 沟后水库大坝溃坝事故

9.5.1 事故过程回放

1993年6月27日晚8点多，位于青海省共和县的沟后水库建成了3年，蓄水首次接近满库，比水库允许的最高水位（设计与校核洪水位3278m）只低不到1m。

青藏高原天色明亮，沟后村沈桂莲姐妹俩在坝下游距坝顶高差20m处发现护坡块石中有一股水流流出，像"自来水"一样。

晚上9点钟左右，水库某管理人员在屋里听到坝上发出闷雷般的巨响，他跑出值班室，在坝底下看到坝面在喷水，大坝中间的上部石块在水流冲击下翻滚着发出水石相激的声响，石块撞击时有火花闪烁，水雾弥漫，坝顶出现缺口。

到晚10点40分，即大约历时1.5h，大坝已经被冲走总土石方体积的一半，在坝的中段形成一个顶宽138m、底宽61m、高60m的倒梯形缺口。

建成仅3年的沟后水库大坝在首次蓄水接近正常高水位时，完全溃决。垮坝后的溃口与残留坝体如图9-10所示。

洪水大约用了1h，在晚11点50分抵达恰卜恰镇，尚在睡梦中的288人死亡，44人下落不明。

图 9-10　水库大坝溃口

9.5.2　事故原因猜测

事故发生后，相关专家从三个方面对事故原因进行了猜想。

9.5.2.1　抗滑稳定说

抗滑稳定说认为由于分层碾压的砂砾石填料渗透系数较低（10^{-2} cm/s 量级），同时是严重各向异性的，如果水平渗透系数为竖向的 4 倍，则坝体浸润线抬高 26m，计算中抗剪强度指标采用 $c = 20$kPa，$\varphi = 39°$，则坝下游坡的整体圆弧滑裂面的安全系数小于 1.0。在溃决前，浸润线和逸出点肯定更高。

9.5.2.2　渗透变形说

渗透变形说认为该坝的砂砾料渗透系数变化大（$10^{-1} \sim 10^{-4}$ cm/s），施工中容易造成粗细料分离，设计时坝体分区只规定了最大粒径，实际上是细颗粒决定渗透系数，因而不能保证下游渗透系数大于上游；并且没有设置下游排水体和反滤，使坝体上部砂砾石在渗流作用下发生管涌，随后坝顶逸出水流冲刷坝体，导致局部失稳和滑动，造成溃口。

9.5.2.3　和层面冲刷说

和层面冲刷说认为，坝顶不均匀沉降使坝顶防浪墙的底板架空（可以伸进手臂），当库水水平向大量涌入地板下的空隙时，同时携带空气逸出，发出冒气声，很高的逸出流速（$1 \sim 2$m/s），可将占砂砾料一半的细颗粒冲走，导致防浪墙进一步下沉、倾斜，最后墙体倒塌，使库水直接漫过坝顶，造成溃决。

这种说法的拥护者在几个方面驳斥滑坡论：溃口的残坡坡度在 50° 左右，也有水流渗出，要比 1∶1.5 的坝体下游坡条件更加严峻，却一直保持稳定（见图 9-10）；在溃口两侧的残留坝段，条件与溃口段一样，但是没有滑动的迹象；如果是滑坡破坏，失事过程必然是瞬时发生，不可能持续了一个多小时。

9.5.3　专家组对事故原因的报告

事故原因报告如下：

（1）混凝土面板漏水。这包括面板接缝间，面板与防浪墙底板接缝间，面板的裂缝和蜂窝等缺陷的渗漏。根据专家对坝体残留段的检查和对 11 个冲毁的面板残片的检查，面板施工质量差，接缝漏洞多是漏水的主要原因，如图 9-11 所示。

(a)　　　　　　　　　　(b)　　　　　　　　　　(c)

图 9-11　沟后水库因渗流引起灾害调查情况

（a）铜片止水接触带面板混凝土蜂窝现象；（b）面板分缝间的止水与混凝土结合不好，
有的已经脱落；（c）残留坝段接缝处可以伸进手掌，底板下可以伸进手臂

（2）坝体排水不畅，没有设置下游排水，使浸润线抬高，坝料强度与坝体稳定性降低。尽管坝体设计为 4 个分区，但在溃口处的调查表明，施工中分区并不明显，接近于均质砂砾石坝，并且各向异性；坝料的级配试验表明，坝料小于 5mm 的颗粒平均为 37.8%，小于 0.1mm 的颗粒含量为 4.1%。这种级配的砂砾石渗透系数在 $10^{-2} \sim 10^{-3}$ cm/s 之间，透水性不够好；坝体下游没有设置排水体，使浸润线抬高，抗滑安全系数下降。

（3）在坝上部首先发生滑坡（残留坝体也有移动底痕迹，说明抗滑稳定性不足），形成溃口。

（4）在水流冲刷作用下溃口迅速扩大，最后冲决大坝。

9.6　深圳市南山区南新路基坑事故

9.6.1　工程概况

基坑开挖深度约 10.5m，为旧城改造项目。基坑开挖影响范围内地层为：（1）人工填土；（2）第四系冲洪积粉质黏土；（3）第四系残积砾质黏性土。地下水位埋深 1.1～2.6m。场地南侧外邻某 4 层建筑，采用桩锚支护；西侧道路下有市政管线，采用微型桩-搅拌桩-预应力锚索复合土钉墙支护；东、北两侧建筑红线外为停车场，红线距离基坑边14～22m，之间有工人临时宿舍，采用搅拌桩-预应力锚索复合土钉墙支护（见图 9-12 和图 9-13）。

9.6.2　事故原因分析

事故过程如下：供水管在基坑塌方之前并不为人所知。基坑开挖到底后，从南向北开挖基桩承台。

事故当天晚上 8 点多，值班监理听到地下有流水声，对基坑东侧侧壁检查时，发现上排个别锚索孔有水流出，之后地面开始出现裂缝。

于是对临时宿舍内人员紧急疏散，从地面向下抛砂袋试图反压。观察基坑侧壁，搅拌桩后有水流动，水流似乎很大，搅拌桩阻挡了水从坡面正向涌出，水在桩后南北来回流

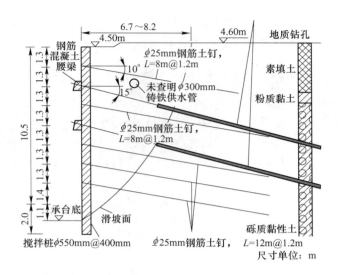

图 9-12　基坑支护剖面图

图 9-13　基坑倒塌情况

动，急于找到出口。当天晚上 10 点多，水从基坑东北角（截水帷幕交接处）喷涌而出，钢筋喷射混凝土面层被撕裂。地面裂缝越来越大，坡脚局部有搅拌桩被剪断，部分锚索锚具在压力下开始崩脱，火星四溅。

判断塌方难以避免，遂停止抢险，晚上 12 点多，北半段坍塌；约 1h 后，南半段坍塌。滑坡长度约 40m，宽度 6.7~8.2m。

事故原因分析如下：承台紧邻基坑侧壁超挖，基坑整体稳定安全系数虽较低，但不应坍塌，基坑变形也不足以导致供水管破坏；东侧南半段采用同一设计，只是填土层及粉质黏土层厚度略有不同，整体稳定安全系数 1.41，使用情况良好，说明水管破裂漏水是基坑坍塌的直接原因。

车道开挖到底后即开挖承台，邻近的基坑侧壁必然产生变形，正是这较小的变形导致土体对供水管的约束减弱。供水管为压力管，接口已破损处在水压力作用下裂缝加大，漏水量增加，导致土体松软，土体松软对供水管的约束进一步减弱，裂缝进一步增加，涌水量进一步增加，如此恶性循环，最终导致基坑塌方。

塌方全过程中观察到，破坏模式为典型的弧线滑动破坏，滑弧剪出口位于坡脚。

9.6.3　事故总结

土中水的渗流是岩土工程中的一个重点问题。该事故主要是由于水管破裂漏水，供水管为压力管，漏水量在压力作用下增加，土体开始变得松软，对供水管的约束进一步减弱，漏水量继续增加，对土体造成渗流侵蚀，最终导致事故的发生。

很多岩土工程的事故与地质灾害都是由土中水的渗流引起的；而且土中水的增加会使非饱和土的基质吸力锐减，部分岩土软化，土的结构破坏，由于超静孔压使土体内有效应力减小，从而造成土体塌陷，液化之类的现象。

在工程的勘察、设计与施工过程中都应十分关注土中水的问题。同时合理处理基坑工程中的地下水对安全施工也是至关重要的。

思　考　题

9-1　列举一个身边发生的与渗流有关的岩土工程问题，并阐述原因。

10 水文地质学试验

10.1 物 理 试 验

10.1.1 土体孔隙与水

10.1.1.1 实验目的

实验目的主要有以下 3 点：

（1）加深理解松散岩土的孔隙度、给水度和持水度的概念。

（2）掌握实验室测定砂土样孔隙度、给水度和持水度的方法。

（3）了解层状土给水度的测定方法。

10.1.1.2 实验内容

实验内容主要有以下 4 点：

（1）熟悉试样给水度仪的结构，了解仪器的工作原理。

（2）测定 3 种松散岩土试样的孔隙度、给水度和持水度。

（3）自选实验内容：了解透水石的原理与作用，标定透水石的负压。

（4）设计性实验：均质与层状土理论给水度的求取方法。

10.1.1.3 实验仪器和用品

实验仪器和用品主要有以下 4 种：

（1）试样给水度仪（见图 10-1）。

（2）水箱、大号吸耳球，用以抽吸试样给水度仪底部漏斗的气体。

（3）量杯、量筒（100mL）和胶头滴管。

（4）天然松散岩土试样：砾石（粒径为 5~10mm，大小均匀，磨圆度好）；砂（粒径为 0.45~0.6mm）；砂砾混合样（把上述砂样完全充填于砾石样的孔隙中得到的一种新试样）。

10.1.1.4 实验原理与准备

实验原理与准备主要有如下 3 点：

（1）透水石与底部漏斗简介。透水石是用一定直径的砂质颗粒均匀胶结成的多孔板。透水石的负压值是指在实验过程中靠近试样的一侧，在气、液、固三相介质界面上，形成弯液面后产生的附加表面压强。

给水度仪的底部漏斗是连接供水装置与试样筒的中间部件，实验过程中要保持完全饱水状态，实验前需要进行排气充水。

（2）标定透水石的负压值（$-p$）。第一步，饱和透水石并使试样筒底部漏斗充满水

（最好使用去气水，即通过加热或蒸馏的方法去掉水中部分气体后的水）。具体操作：将试样筒与底部漏斗一起从开关 a 处卸下（见图 10-1），浸没于水箱中并倒置；将漏斗管口与吸耳球管口连接，抽气使透水石饱水，底部漏斗全充满水；用弹簧夹在水中封闭底部漏斗管；倒转试样筒，将装有水（可以不装满）的试样筒放回支架。然后，同时打开 a、b 两开关，在两管口同时流水的情况下连接漏斗下部的塑料管。关闭 a、b 开关，倒去试样筒中剩余的水，将 A 滴定管液面调至零刻度，并与透水石底面保持水平。第二步，测定透水石的负压值（$-p$）。打开 a、b 开关，缓慢降低 A 滴定管（滴定管液面低于透水石底面），同时注意观察其液面的变化。当 A 滴定管液面突然上升时，立刻关闭 b 开关。此时滴定管液面到透水石底面的高度即是透水石的负压值（$-p$）。

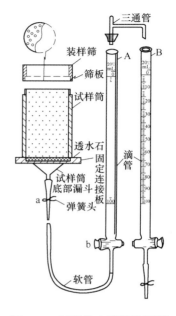

图 10-1　试样给水度仪装置图

反复测定几次，选其中最小数值（绝对值）作为实验仪器所采用的负压值（$-p$）。

（3）标定试样筒的容积（V）。将试样筒装满水，用量筒或滴定管测出所装水的体积即为试样筒的容积（V）。

以上准备工作由实验教师或学生在实验课前做好。

10.1.1.5　实验步骤

实验主要包括连接、检查、装样、测定孔隙度、测定给水度等。

（1）连接。将试样筒与滴定管装满水，同时打开 a、b 两开关，保持两管口朝上，在两管口同时流水的情况下连接漏斗底部的塑料管；关闭 a、b 开关，倒去试样筒中剩余的水。

（2）检查。试样筒与滴定管连接好之后，检查试样筒底部漏斗是否有气泡，如有气泡，应参照实验原理与准备工作中第 2 点第一步进行排气，然后重复上述实验步骤第（1）步（连接）。

（3）装样。装样前，在 a、b 开关关闭状态下，将 A 滴定管液面调到零刻度，用干布把试样筒内壁擦干（注意：干布不要接触透水石）。装砾石样和砂样时，不用装样筛，直接将试样逐次倒入试样筒，轻拍试样筒以保证试样密实，试样装至与试样筒口平齐。装砂砾混合样时，先按上述方法把砾石装满，再安装装样筛，将砂样逐次从装样筛中漏入，直至完全充填砾石样孔隙。

（4）测定孔隙度。适当抬高 A 滴定管，使其液面略高于试样筒口。打开 a、b 开关（同时用手表计时），用 b 开关控制进水速度。试样饱水后立即关闭 b 开关。记下 A 滴定管进水量及饱水累计时间，填入表格"实验一　孔隙与水实验记录表"。进水量（体积）与试样筒容积之比就是此试样孔隙度。

（5）测定给水度。将 A 滴定管加满水并装上三通管，通过三通管连接 A、B 滴定管。用胶头滴管调整三通管液面（见图 10-2）。将 B 滴定管初始刻度调至 100mL 处。如图 10-2 所示，逐步（每次 5cm）同时降低 A、B 滴定管的高度，分别在实验记录表中记录相应的出水量，直至达到仪器最大负压值结束（见图 10-2 退水结束位置）。即：首先同时降低 A、B 滴定管后（见图 10-2 中退水开始位置），打开 b 开关（见图 10-1），试样中退出的水沿三通管进入 B 滴定管，待退水稳定（B 滴定管水位不上升）时，记录退水量；继续分次降低（每次 5cm）A、B 滴定管，待退水稳定（B 滴定管水位不上升）时，将累计退水量和累计退水时间记录到实验记录表。退水终止后，将仪器体积和负压等参数记录到实验记录表中。累计退水量（体积）与试样体积之比就是试样的给水度。（注意：退水过程中，三通管液面到透水石底面的距离不得大于透水石的选用负压值。）

（6）重复上述步骤（3）~（5），测定另两种试样的孔隙度和给水度（也可以分组测定不同试样，各组交换实验记录）。

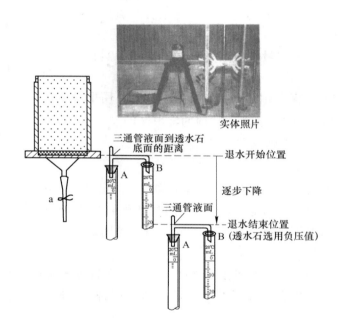

图 10-2　退水时试样给水度仪安装/退水示意图

10.1.1.6　实验成果

（1）提交实验报告表（见表 10-1），即孔隙与水实验记录表。

（2）回答下列问题：

1）从试样中退出的水是什么形式的水？退水结束后，试样中保留的水是什么形式的水？

2）根据实验结果，分析比较松散岩土的孔隙度、给水度、持水度与粒径和分选的关系。

3）不同试样退水过程中的退水量为什么有差异？

表 10-1 孔隙与水实验记录表

仪器编号：　　　　试样体积/cm³：　　　　　　　　　　　　　　　　　透水石选用负压值/cm：

试样名称	粒径/mm	进水量/mL	累计饱水时间/min	退水负压值（$-p$）/cm	累计退水量/mL	累计退水时间/min	孔隙度/%	给水度/%	持水度/%	备注

实验日期：　　　报告人：　　　班号：　　　组号：　　　同组成员：

10.1.2 达西定律

10.1.2.1 实验目的

实验目的主要有以下 2 点：

（1）通过稳定流渗流实验，理解渗流基本定律——达西定律。

（2）加深理解渗透流速、水力梯度、渗透系数之间的关系，并熟悉实验室测定渗透系数的方法。

10.1.2.2 实验内容

实验内容主要有以下 3 点：

（1）了解达西实验装置与原理。

（2）测定 3 种砂砾石试样的渗透系数。

（3）设计性实验：横卧变径式达西渗流实验。

10.1.2.3 达西实验原理

达西公式的表达式如下：

$$Q = K \frac{\Delta H}{L} A = KIA \tag{10-1}$$

式中，Q 为渗透流量；K 为渗透系数；A 为过水断面面积；ΔH 为上、下游过水断面的水头差；L 为渗透途径；I 为水力梯度。

式中各项水力要素可以在实验中直接测量，利用达西定律即可求取试样的渗透系数 K。

10.1.2.4　实验仪器和用品

（1）达西仪器（见图 10-3）。

（2）试样：1）砾石（粒径为 5~10mm）；2）粗砂（粒径为 0.6~0.9mm）；3）砂砾混合（试样 1）与试样 2）的混合样）。

（3）秒表。

（4）量筒（100mL 和 500mL 各 1 个）。

（5）计算器。

（6）水温计。

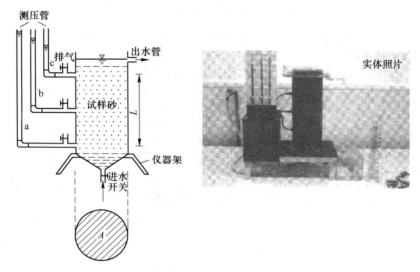

图 10-3　达西仪器装置图

10.1.2.5　实验步骤

实验操作步骤具体为：

（1）测量仪器的几何参数（实验教员准备）。分别测量过水断面的面积（A），测压管 a、b、c 的间距或渗透途径（L），记入表格"实验二　达西渗流实验记录表"中。

（2）调试仪器。打开进水开关，待水缓慢充满整个试样筒，且出水管有水流出后，慢慢拧动进水开关，调节进水量，使 a、c 两测压管读数之差最大；同时注意打开排气口，排尽试样中的气泡，使测压管 a、b 的水头差与测压管 b、c 的水头差相等（实验教员准备，学生检查）。

（3）测定水头。待 a、b、c 三个测压管的水位稳定后，读出 a、c 两个测压管的水头值（分别记为 H_a 和 H_c），记入实验记录表中。

（4）测定流量。在进行步骤（3）的同时，利用秒表和量筒测量 t 时间内出水管流出的水体积，及时计算流量（Q）。连测两次，使流量的相对误差小于 5%（相对误差 $\delta=$

$$\frac{|Q_2-Q_1|}{(Q_1+Q_2)/2}\times100\%），取平均值记入实验记录表。$$

（5）由大到小调节进水量，改变 a、b、c 三个测压管的读数，重复步骤（3）~（4）。

（6）重复第（5）步骤 2~4 次，即完成 3~5 次试验，取得某种试样 3~5 组数据。

（7）换一种试样，选择另外一台仪器重复上述步骤（3）~（6）进行实验，将结果记入实验记录表中。

（8）按记录表计算实验数据，并抄录其他实验小组不同试样的实验数据（有条件的，可用 3 种试样做实验）。

（9）实验中应注意的问题：

1）实验过程中要及时排除气泡。

2）为使渗透流速-水力梯度（v-I）曲线的测点分布均匀，流量（或水头差）的变化要控制合适。

10.1.2.6　实验成果

（1）提交实验报告表（见表 10-2），即达西渗流实验记录表。

（2）在同一坐标系内绘出 3 种试样的 v-I 曲线，并分别用这些曲线求出渗透系数（K），与根据实验记录表中的实验数据计算结果进行对比。

10.1.2.7　思考题

（1）为什么要在测压管水位稳定后测定流量？

（2）讨论 3 种试样的 v-I 曲线是否符合达西定律？试分析其原因。

（3）将达西仪平放或斜放进行实验时，结果是否相同？为什么？

（4）比较不同试样的 K 值，分析影响渗透系数（K）的因素。

10.1.3　潜水模拟演示

10.1.3.1　实验目的

实验目的主要有以下 3 点：

（1）熟悉与潜水有关的基本概念，理解潜水与潜水含水层的基本要素。

（2）增强对潜水补给、径流和排泄的感性认识。

（3）加深对流网、潜水流动系统概念的理解，培养综合分析问题的能力。

10.1.3.2　实验内容

实验内容主要有以下 5 点：

（1）观察降雨与降雨入渗的过程。

（2）确定潜水面形状。

（3）分析地下水分水岭的移动。

（4）演示不同条件下的潜水流网。

（5）设计性实验：利用潜水模拟演示仪进行潜水流动系统的演示。

10.1.3.3　实验仪器和用品

实验仪器和用品主要有以下几种：

（1）潜水演示仪（见图 10-4）。

表 10-2　达西渗流实验记录表

仪器编号：

过水断面面积 A/cm²：　　渗流途径 L/cm：　　水温/℃：

| 土样名称 | 实验次数 | 水力梯度 I | | | | 渗流速度 v | | | | 渗透系数 $K=v/I$ /cm·s⁻¹ | 备注 |
| | | 测压管水头 | | 水头差 ΔH (H_a-H_c) /cm | $I=\dfrac{\Delta H}{L}$ | 渗透时间 t /s | 渗透体积 V /cm³ | 渗透流量 Q /cm³·s⁻¹ | 渗透速度 v /cm·s⁻¹ | | |
		H_a/cm	H_c/cm								
	1										
	2										
	3										
	4										
	5										
	1										
	2										
	3										
	4										
	5										

报告人：　　组号：　　班号：　　同组成员：

实验日期：

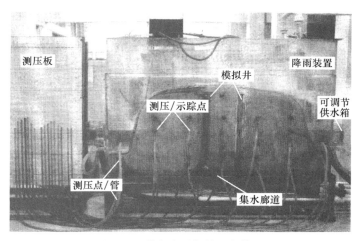

图 10-4　潜水演示仪装置实体图

仪器的主要组成部分及功能如下：

1）槽体：内盛均质砂，模拟含水层。

2）降雨装置：模拟降雨，可人为控制雨量的大小及降雨的分布。

3）模拟井：两个完整井和两个非完整井分别装在仪器的正面（A 剖面）和背面（B剖面），均可人为对任一井进行抽（注）水模拟，也可以联合抽（注）水。

4）模拟集水廊道：可人为控制集水廊道的排水。

5）测压点：与测压板上的测压管连通，可以测定任一测压点的测压水头；与示踪剂注入瓶连通可以演示流线。

6）测压板。

7）示踪剂注入瓶。

8）稳水箱（用于稳定模拟河水位）。

9）蠕动泵（用于模拟抽水）。

（2）示踪剂。选用红墨水演示流线。

（3）直尺（长度 50cm）和计算器等。

10.1.3.4　实验步骤

（1）熟悉潜水演示仪的结构及功能，潜水演示仪装置实体图如图 10-4 所示。

（2）降雨入渗与地表径流的演示。打开降雨开关，人为调节降雨强度。保持两河较低水位排水。认真观察降雨与降雨入渗过程，地表径流产生情况。分析讨论：

1）降雨强度与入渗、地表径流的关系。

2）地形与地表径流的关系。

3）观测有入渗条件的潜水面形状。

如图 10-5 所示，潜水含水层中，等势线上各点的水头都相等，即 B、C、D 各点测压水位分别与潜水面上 M、N、O 各点的测压水位相等。由此，可以按以下步骤确定潜水面的形状：

1）给予中等强度降雨，保持两河以相等低水位排水，待水位稳定后，测定井水位和河水位，并按比例表示在图 10-6 上。

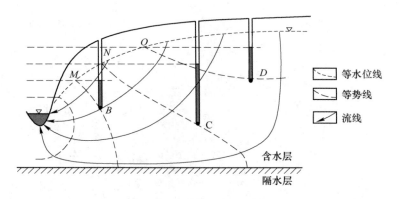

图 10-5　潜水含水层中等势线任一点水头示意图
（测压管涂黑部分为对应点的测压高度）

2）在河与分水岭之间选择 3~5 个测压点，注入示踪剂，观察流线特征，分析流网分布规律，在图 10-6 上画出流线和等势线。

3）选择 3~5 个测压点与测压管连接（注意连接时不要进气），测定测压点测压水位，按比例表示在图 10-6 上。自各测压点测压水位顶点作水平线与各测压点所在的等势线（各交点均在潜水位线上）相交。结合井水位和河水位以及各平行线与等势线的交点，在图 10-6 上描绘潜水位线。

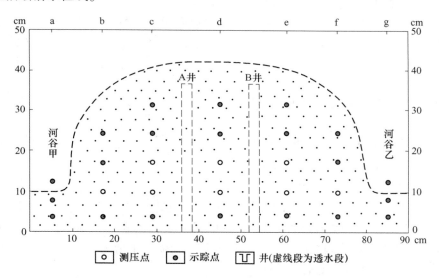

图 10-6　潜水模拟演示（A 剖面）

（3）观测地下水分水岭的偏移。给予中等强度均匀降雨，保持两河以相等低水位排水，观察地下水分水岭的位置。

抬高一侧河水位，即抬高一侧的稳水箱，观察地下水分水岭向什么方向移动。试分析为什么分水岭会发生移动，能否稳定；停止降雨，地下水分水岭又将如何变化。认真观察停止降雨后地下水分水岭的变化过程。

（4）选择性实验内容。分组选择人为活动影响下，地下水与河水的补给和排泄关系的变化演示。

基本实验条件：给予中等强度降雨，保持两河以相等较高水位排水，使地下水位处于稳定的初始状态，选择 3~5 个测压点注入红色示踪剂。

具体演示内容如下：

1）集水廊道排水：打开集水廊道开关进行排水。观察流线变化特征，分析集水廊道排水对地下水与河水的补给和排泄关系的影响。

2）完整井抽（注）水：恢复初始状态。将蠕动泵水管分别插入两个完整井内，进行同流量或不同流量的抽水。观察地下水分水岭的变化及流线形态。

3）非完整井抽水：恢复初始状态。将蠕动泵水管分别插入两个完整井内，通过开关控制两个非完整井的等降深抽水。在适当的测压点上注入示踪剂，观察流线形态并在图 10-7 上描绘地下水流线。分析讨论两个非完整井的等降深抽水时，各井的抽水量是否相等。

10.1.3.5　实验成果

实验成果主要有以下几点：

（1）根据上述实验步骤（3）在图 10-7 上绘制剖面的流网图。

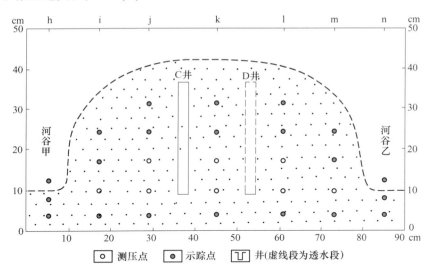

图 10-7　潜水模拟演示（B 剖面）

（2）根据实验步骤（5）中非完整井抽水的演示，在图 10-7 上示意性画出两个非完整井的等降深抽水时的流网图。

（3）思考：对于河间地块潜水含水层，当河水位不等时，地下水分水岭偏向哪一侧。试分析其原因。

（4）对选做实验结果进行描述。

10.1.3.6　设计性实验

（1）对于河间地块潜水含水层，在不均匀降雨条件下流网与流动系统特征如何变化。

（2）对于河间地块潜水含水层，在中等强度均匀降雨条件下，一个水井以不同强度抽水，地下水流会发生哪些变化。

（3）对于河间地块潜水含水层（实验用潜水演示仪），在什么条件下可以形成多级流动系统。试设计实验方案并进行演示。

10.1.4 承压水模拟演示

10.1.4.1 实验目的

实验目的主要有以下几点：

（1）熟悉有关承压水的基本概念。

（2）增强对承压水的补给、排泄和径流的感性认识。

（3）练习运用达西定律的基本观点分析水文地质问题。

10.1.4.2 实验内容

实验内容主要有以下几点：

（1）分析承压含水层补给与排泄的关系。

（2）承压水开采时流网的变化。

（3）观测天然条件下泉流量的衰减曲线。

（4）设计性实验：演示稳定开采条件下承压水流网的变化特征。

10.1.4.3 实验仪器和用品

实验仪器和用品主要有以下几种：

（1）承压水演示仪（见图10-8）。仪器的主要组成部分及功能如下：

1）含水层：用均质石英砂模拟。

2）隔水层：用隔水有机板模拟。

3）断层泉：承压含水层主要通过泉排泄，在泉水排出口，用秒表和量筒测量流量。

4）模拟井（虚线部分为滤水部分）：中间 b 井和开关连通，通过开关可以控制 b 井的抽（注）水量。

5）模拟河水位变动：承压含水层接受河流补给，通过调整稳水箱（升降阀）的高度控制补给承压含水层的河水水位。

6）底板测压点：隔水底板安装测压点，测压点与测压板连接，可以测得任一测压点的测压水头。

（2）秒表。

（3）量筒（500mL、50mL、25mL各1个）。

（4）直尺（长度50cm）。

（5）计算器等。

（6）蠕动泵（用于模拟抽水）。

10.1.4.4 实验步骤

（1）熟悉承压水演示仪的装置与功能。

（2）测绘测压水位线。抬高稳水箱，使河水保持较高水位，以补给含水层；待测压水位稳定后，分别测定河水、a、b、c 三井和泉的水位；在图上绘制承压含水层的测压水位线。自补给区到排泄区水力梯度有何变化？为什么会出现这些变化？

（3）测绘平均水力梯度与泉流量的关系曲线。测定步骤（2）中的泉流量、河水位（H_1）、泉点水位（H_8），计算平均水力梯度（I），记入表格"实验四　承压水模拟演示实验记录表"中。

分两次降低稳水箱，调整河水位（但仍保持河水能补给含水层）。待测压水位稳定后，重复步骤（3），将测量数据记入实验记录表。

（4）b井抽水，测定泉流量及b井抽水量。为了保证b井抽水后，仍能测到各井水位，抽水前应抬高河水位（即抬高稳水箱）。待测压水位稳定后测定泉流量，记入实验记录表。b井抽水，待测压水位稳定后，测定各点水头，标在图上，画出b井抽水时的承压含水层平面示意流网；同时测定泉流量及b井抽水量并记入实验记录表。从测定结果分析，抽水后泉流量的减量是否与b井抽水量相等？为什么？

（5）测绘泉流量随时间的衰减曲线。停止b井抽水（关闭抽水井开关），待水位稳定后，停止河流补给（将供水箱降低至承压含水层底部），测量泉流量随时间的变化（按时间段测量），将测量结果记入实验记录表。

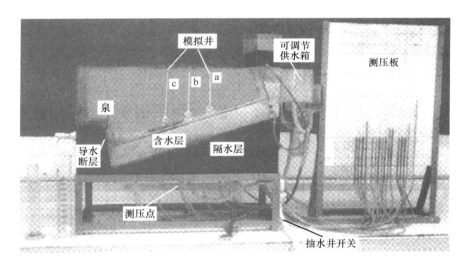

图 10-8　承压水演示仪装置实体图

10.1.4.5　实验成果

（1）提交实验报告表（见表10-3），即承压水模拟演示实验记录表。

（2）绘制承压水测压水位线。

（3）在平面图上绘出b井抽水时的承压含水层平面示意流网。

（4）绘制泉流量随时间的变化曲线（见表10-4）。

10.1.4.6　思考题

分析回答承压含水层自补给区（河流）到排泄区（泉）过水断面的变化特征。

10.1.4.7　设计性实验内容（供参考）

利用承压水模拟演示仪进行稳定开采条件下承压水流网的变化特征实验，观察承压水流网的变化，测量并记录实验结果。

表 10-3　承压水模拟演示实验记录表

步骤	项目	河水位 H_1 /cm	泉点水位 H_8 /cm	平均水力梯度 I	泉流量 /L·s^{-1}	井流量 /L·s^{-1}	备　注
3							
4	抽水前						
	抽水后						

步骤		次数	累计时间 /s	泉流量 /L·s^{-1}	次数	累计时间 /s	泉流量 /L·s^{-1}
5		1			11		
		2			12		
		3			13		
		4			14		
		5			15		
		6			16		
		7			17		
		8			18		
		9			19		
		10			20		

实验日期：_____；报告人：_____；班号：_____；组号：_____；同组成员：_____

表 10-4　实验四用纸

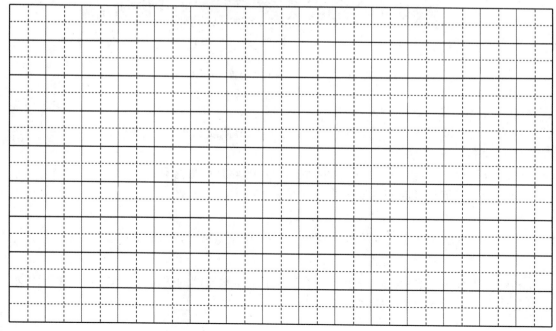

10.1.5 裂隙岩体渗流

裂隙岩体渗流试验多采用稳态法，测试仪器为 MTS815 或 GCTS RTR 2000 岩石力学试验机。在测试时，在试样两端施加水力差，使流体在试样中形成稳态渗流，根据达西定律计算渗透系数。

10.1.6 致密岩石渗流

对于结构致密的岩石通常采用瞬态压力脉冲法（定容脉冲法）计算渗透系数，主要是通过对试样一端施加流量或压力脉冲，渗透率通过监测水位差-时间半对数曲线来计算。区别于稳定流状态下监测岩样渗透率，瞬态法由于岩样两端压差非稳定衰减变化过程耗时较短，大大降低了温度变化对压差衰变的影响，渗透率计算效率高。并且瞬态法监测的都是水体压力而非水体流量，如今试验仪器在水体压力精密测量的实现上比水体流量精密测量容易实现得多。目前瞬态法被广泛应用于岩石渗流当中。

岩石瞬态法渗流最早由 Brace 提出，原理如图 10-9 所示。在岩样上下端分别施加相同的水压，岩样内部孔隙压力处处相等，保持岩样下端水压恒定，通过瞬时提高岩样上端水压，水流在渗透压差作用下形成纵向渗透。随着岩石试样内部渗流的进行，岩石试样上端、下端的水压将逐渐呈现出减小和增大的趋势，渗透压差逐渐减小，最终达到平衡状态。统计绘制岩样上下端压差-时间曲线从而求出渗透率。压力脉冲法又可分为定容脉冲法和变容压力脉冲法两种。试验过程中的瞬态脉冲衰变曲线示意图如图 10-10 所示。

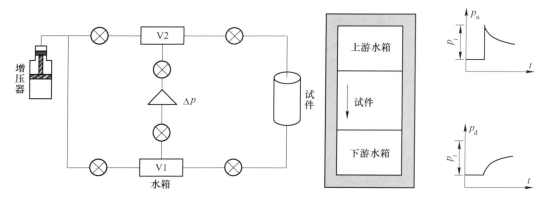

图 10-9　瞬态法测岩石渗透率原理图　　　　图 10-10　瞬态脉冲衰变曲线示意图

关于岩石瞬态法渗透率的计算方法，Brace 根据试验装置及试验原理，给出了一种近似解法。

$$\frac{\partial^2 p}{\partial x^2} - \frac{\mu S_s}{k} \frac{\partial p}{\partial t} = 0 \tag{10-2}$$

$$p(x, 0) = p_i \tag{10-3}$$

$$p(x, t) = p_d(t) \quad t \geqslant 0 \tag{10-4}$$

$$p(1, t) = p_u(t) \quad t \geqslant 0 \tag{10-5}$$

$$\frac{\mu S_{\mathrm{d}}}{AK} \frac{\mathrm{d}p_{\mathrm{d}}}{\mathrm{d}t} - \left(\frac{\partial p_{\mathrm{d}}}{\partial x}\right)_{x=0} = 0 \quad t > 0 \tag{10-6}$$

$$p_{\mathrm{d}}(0) = p_0 \tag{10-7}$$

$$\frac{\mu S_{\mathrm{u}}}{AK} \frac{\mathrm{d}p_{\mathrm{u}}}{\mathrm{d}t} + \left(\frac{\partial p_{\mathrm{u}}}{\partial x}\right)_{x=t} = 0 \quad t > 0 \tag{10-8}$$

$$p_{\mathrm{u}}(0) = p_i \tag{10-9}$$

式中，p、p_{u}、p_{d} 分别为试件内部、上下游水压；x 为距试样底部的距离；t 为时间；A 为试件横截面积；K 为渗透系数；n 为试件的孔隙度；$S_{\mathrm{u}} = C_{\mathrm{w}} V_{\mathrm{w}}$ 时，为上游水箱贮留系数；$S_{\mathrm{u}} = C_{\mathrm{u}} V_{\mathrm{u}}$ 时，为下游水箱贮留系数；$S_{\mathrm{s}} = nC_{\mathrm{w}} + C_{\mathrm{eff}} - (1+n)C_{\mathrm{s}}$，为比贮留率；$C_{\mathrm{w}}$、$C_{\mathrm{eff}}$、$C_{\mathrm{s}}$ 分别为流体、岩石、矿物基质的压缩系数。

当岩石的孔隙度 n 很小时，可近似将岩石的比贮留率当做零。由一维渗流方程可知：

$$\frac{\Delta p(t)}{p_i} \propto \exp(-\alpha t) \tag{10-10}$$

$$\alpha = \frac{kA}{\mu C_{\mathrm{w}} L} \left(\frac{1}{V_{\mathrm{u}}} + \frac{1}{V_{\mathrm{d}}}\right) \tag{10-11}$$

式中，$\Delta p(t)$ 和 p_i 分别为压差实测值和起始值。

渗透率的求法：绘制岩样水压压差-时间半对数曲线，计算斜率 $\propto$，将 $\propto$ 值代入式（10-11）中，由渗透系数进而转换计算出渗透率。实际操作中，当 $\Delta p(t)$ 降低为 p_i 的 50% 时，可认为是测量完成，也将 $\Delta p(t)$ 降为 p_i 的 50% 的时间称为半衰期，用 t_{50} 表示（见图 10-11）。

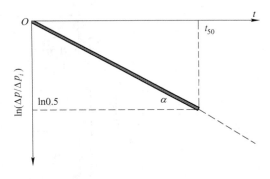

图 10-11　半对数压差-时间曲线

10.1.7　土石混合体渗流

土石混合体作为一种典型的散体状岩体，具有结构松散，抗渗透变形差的特点。室内试验一般采用稳态法进行渗流试验以测试其渗透系数。稳态法渗流试验常用的试验设备有 MTS815 或 GCTS RTR 2000 或采用自行研制的伺服控制变水头渗透试验仪。

渗透仪（见图 10-12）设计最高水压力为 2MPa，筒身采用壁厚 20mm，内径 309mm 的不锈钢筒。根据土工试验规范要求，仪器内径应大于试样粒径 d_{85}（d_{85}，试样中小于此粒径的颗粒含量为 85%）的 5 倍。对于本渗透仪，试样粒径 d_{85} 可达 61.8mm。筒身长

700mm，恰当的筒身长度既能减小试验工作量又能保证外接测压系统测压顺利。筒身通过法兰环和 O 型橡皮圈与上下盖密封连接。渗透筒内装带小孔的不锈钢透水板，透水板下部有集水空室，汇集试样渗水，然后从下部出水口排出。

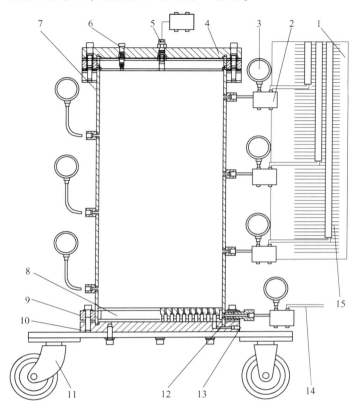

图 10-12　中科院地质所渗透仪结构图

1—刻度板；2—三通管；3—水压表；4—上端盖；5—注水加压管（上）；
6—放气阀；7—渗透筒；8—透水板；9—法兰；10—下端盖；11—小车；
12—密封圈；13—出水口；14—注水加压管（下）；15—测压管

伺服加压供水系统采用德国 Doli 伺服控制器控制，滚珠丝杠步进伺服电机驱动，活塞原理加压供水。系统通过计算机操作，可以准确控制供水速度和供水压力。先通过活塞的后退，让水进入水缸中，然后伺服控制活塞前进，控制供水速度和供水压力向渗透仪供水。

试验具体步骤如下：

（1）装样。如图 10-12 所示，拧紧下部法兰螺丝，密封连接下端盖和渗透筒；拧下上部法兰螺丝，打开上端盖，在渗透仪底部透水板上铺上滤网和滤纸。然后将准备好的土石混合体样分层击实、饱和装入渗透筒内。用导水管从渗透仪底部加压注水管连接伺服供水系统，用于加水分层饱和试样。每层加入试样厚度约 10cm，用落重锤均匀击实，再通过伺服供水系统供水。控制进水速度，使试样逐渐饱和。看到该层试样上部湿润后，加入下一层试样进行击实饱和。如此逐层加入试样，直到向上超过最上面的测压孔约 5cm。

（2）渗透仪密封。盖上上端盖，拧紧螺丝，通过法兰和 O 型橡皮圈将其密封。拧松放气阀，上部加压注水管通过三通阀连接伺服供水系统，拧紧渗透仪其他出水口。然后通过加压装置往渗透仪加水，使渗透仪内的气体通过放气阀排出。当放气阀有水溢出时，说明渗透仪内气体已排尽，拧紧放气阀。

（3）形成稳定渗流。渗透仪两侧的水压表和测压管是用来测记试样水压的。它们通过焊接孔与渗透筒螺纹连接。单侧相邻的测压孔之间的距离为 200mm，两侧测压孔错位分布，可以测得更多数据，便于分析试样内部的渗流情况。渗透筒右侧同时装有测压管和水压表，它们通过三通阀连接在渗透筒上。测压管用于低水头压力的测量，水压表用于高水头压力的测量，通过三通阀门控制它们的开关。渗透仪装样密封后，通过伺服供水系统供水。打开渗透仪下部出水口，调节供水速度和出水速度，使其相等，经过一定的时间，使试样形成稳定的渗流。当各个测压表测得压力不再变化时，表示试样内形成了稳定的渗流。

（4）数据记录。读出进水口和出水口处的压力值 p_1、p_2，水流量 Q 及时间，水温度 T。

（5）计算水力梯度、渗流速度、渗透系数。

根据式（10-12）计算渗流速度 V：

$$V = Q/(At) \tag{10-12}$$

式中，Q 为时间 t 内的渗出水量；A 为试样底面积；t 为时间。

根据式（10-13）计算水力梯度 I：

$$I = H/L \tag{10-13}$$

式中，H 为相邻两测压管间的平均水头差；L 为相邻两测压孔中心间的距离。

水在不同温度下，其黏滞性（即动力黏滞系数）是不同的。为了研究不同水力梯度下，土石混合体的渗流特性，需要去除温度的影响。因此要将 $T(℃)$ 下的渗透流速 V_T 校正为 20℃时的渗透流速 V_{20}。公式如下：

$$V_{20} = V_T \frac{\eta_T}{\eta_{20}} \tag{10-14}$$

式中，η_T 为 $T℃$ 时水的动力黏滞系数；η_{20} 为 20℃时水的动力黏滞系数；动力黏滞系数查表可得。

根据式（10-15）计算渗透系数：

$$K = V/J \tag{10-15}$$

（6）卸样。试验完毕，先关闭伺服供水系统，打开渗透仪下部出水口，拧松渗透仪上部放气阀，放出渗透仪内大部分水。关闭下部出水口，拧下下部法兰螺丝，用小吊车通过上盖吊环和上法兰将渗透筒吊起，则筒内试样可以从渗透筒下部方便的卸载。清理渗透仪，重新装好，以备下次使用。

10.2 数 值 试 验

10.2.1 岩土体渗流灾害数值计算方法概述

裂隙水作为重要的资源、生态环境因子、灾害因子、地质应力和信息载体，对人类的生产生活有着重大影响。随着社会经济的发展，地质工程的规模不断扩大，裂隙水作为灾害因子这一问题日益突出，众多岩质边坡、岩质基坑和地下洞室的稳定性都受到裂隙水各种不良效应的影响，因此，对裂隙水的渗流特征进行研究势在必行。目前，解决地下水问题的数值方法有多种，但最通用的还是有限差分法（FDM）和有限元法（FEM），此外还有特征线法（MOC）、积分有限差分法（IFDM）、边界元法（BEM）等。但只有有限差分法和有限元法能处理计算地下水文学中的各类一般问题，数值方法在应用过程中不断发展，每一种数值计算方法本身在解决具体问题过程中也不断地被发展和完善。例如，从有限单元法中派生出随机有限元法、混合有限元法、特征有限元法等。数值分析方法在解决岩体地下水具体问题（如自由面问题、排水孔处理问题、反问题等）上也得到了不断深入，应用形式多样化。为解决工程建设中所遇到的流体流动与岩石耦合变形问题，过去数十年国内外学者提出了大量经验和理论模型。通常选取孔隙率、应力-应变水平、损伤破坏程度、矿物成分等作为描述渗透性演化的特征参数。常见的渗流模型，从对渗透介质假设上可分为等效连续介质模型、离散介质模型、多重介质模型等；从研究途径上可分为经验公式、半经验公式、理论模型等；从函数表达的形式上一般有广义幂率形式、指数形式、多项式等。解决应力渗流耦合问题的方法可以分为：（1）连续介质方法，包括有限元法 FEM、有限差分法 FDM、边界元方法 BEM、元胞自动机 CA；（2）离散介质方法，包括颗粒离散元法 PFC、离散单元法 DEM、离散裂隙网络法 DFN、非连续变形分析方法 DDA、流形元法 Manifold、无风格法 MLM；（3）混合连续/非连续介质方法，包括混合 FEM/BEM、混合 DEM/BEM、混合有限离散元 FDEM 等。

对于岩石损伤破裂行为的研究，离散元、颗粒流、DDA 等非连续介质力学方法，通过处理颗粒或块体之间的接触和分离现象，可以从宏观上表征岩石的损伤、破裂、块体运动的过程；而连续介质方法将计算域视为一个统一的连续体，基于应变软化本构关系难以处理损伤的局部化，因此需要对连续介质方法进行扩展（如在 FEM 的基础上发展的 XFEM 法等）；也可将连续介质方法和非连续介质方法进行结合（如 FEM 与 DEM 结合的 FDEM 法）。另一类思路，是采用连续介质方法研究非连续介质问题，如 RFPA 中根据细观应力-应变水平建立独立的破坏分析方法，保持网格拓扑结构不变，通过对损伤单元力学性质的折减来表现宏观破坏。本书将重点介绍如何使用 RFPA 方法对岩体渗流致灾演化过程进行仿真计算。

10.2.2 RFPA-Flow 真实破裂过程分析系统介绍

岩体是在地质历史过程中形成的由岩石块体和结构面网络组成的具有一定的岩石成分和结构，并赋存于一定的天然应力状态下和地下水、石油、天然气等地质环境中的地质体。在地质环境和工程扰动作用下，裂纹萌生、相邻节理（裂纹）扩展和相互贯通是工程岩体的主要破坏方式，人类工程扰动过程中，由于开挖、压裂液注入等活动引起的应力场重分布将会诱发微破裂，而持续的微破裂将会演化成宏观裂隙，将有可能导致岩体渗透性发生剧烈的变化。所以随着人们对渗流问题认识的加深，之前的渗流理论及渗流模型已经逐渐不能满足工程上的需求，渗流-应力-损伤耦合分析系统（RFPA-Flow）应运而生并且脱颖而出。RFPA（realistic failure process analysis）真实破坏过程分析系统由大连理工大学唐春安教授最早于 1995 年提出，目前已被广泛应用于工程岩体的流固耦合仿真计算当中，是一种极具前景的破裂分析方法。RFPA-Flow 不同于其他采用均匀性假设的力学软件，以考虑材料的非均匀性为特点，将复杂的宏观非线性问题转化为简单的细观线性问题，并通过引入数学连续物理不连续的概念，将复杂的非连续介质力学问题转化成简单的连续介质力学问题，考虑已存在裂隙扩展、新裂隙萌生和这两种裂隙渗流-应力-损伤耦合的影响以及岩体损伤过程中渗透率的变化，无论是在破坏过程上还是在破坏原理上都与实际情况较为符合。

　　通常情况下，研究渗流-应力耦合问题是将岩石这种地质材料简化成均匀、等效连续介质或离散介质，而均匀、等效连续介质模型不能反映岩石内部孔隙结构性质，离散介质模型只着重于应力应变"状态"分析的预定裂隙网络，对于非线性变形，只是在宏观上的一种形似。但岩石介质是典型的非均匀性材料，相对比均匀性假设模型，非均质材料的渗流-应力耦合机制更为复杂，但也更为符合工程实际情况。在同一种岩石材料中，由于矿物晶体和胶结物晶体以及各种微缺陷等各自排列组合方式以及相互之间胶结物力学性质的差别，从同一材料的任何两个区域取出的同尺度的集合体，其物理力学性质都不可能被同一特征值所描述，岩石细观物理属性在空间上表现出极大的不均匀性。假想这种不均匀性满足某一统计分布，如 Weibull 分布、正态分布、泊松分布等，其中 Weibull 分布为 Weibull 在 1939 年提出的一个描述强度极值分布律的幂函数（见图 10-13），RFPA 则使用具有门槛值的 Weibull 幂函数来描述模型材料某一力学属性（弹性模量、强度、泊松比等）的空间分布，从而实现数值模拟对材料非均匀性的描述，数值模拟描述结果与岩石细观相一致。

$$\varphi(\alpha) = \frac{m}{\alpha_0} \cdot \left(\frac{\alpha}{\alpha_0}\right)^{m-1} \cdot e^{-\left(\frac{\alpha}{\alpha_0}\right)^m} \tag{10-16}$$

式中，α 为材料（岩石）介质基元体力学性质参数（弹性模量、强度、泊松比、自重等）；α_0 为基元体力学性质参数的平均值；m 为分布函数的性质参数，其物理意义反映了材料（岩石）介质的均匀性，定义为材料（岩石）介质的均匀性系数，反映材料的均匀程度（见图 10-13）；$\varphi(\alpha)$ 为材料（岩石）基元体力学性质 α 的统计分布密度。

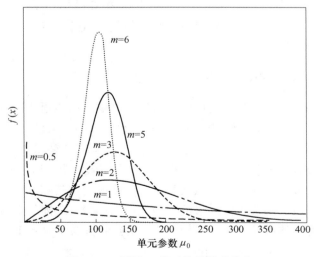

图 10-13　不同 m 值时单元强度分布

以弹性模量为例介绍 RFPA 中模型基元体力学性质参数的赋值：设模型中所有基元的弹性模量平均值为 E_0，$\phi(E)$ 代表了具有某弹性模量 E 基元的分布值，基于式（10-16）弹性模量 Weibull 分布函数的积分为：

$$\phi(E) = \int_0^e \varphi(x)\,\mathrm{d}x = \int_0^e \left(\frac{m}{\alpha_0} \cdot \left(\frac{\alpha}{\alpha_0} \right)^{m-1} \cdot \mathrm{e}^{-\left(\frac{\alpha}{\alpha_0} \right)^m} \right) \mathrm{d}x = 1 - \mathrm{e}^{-\left(\frac{E}{E_0} \right)^m} \qquad （10\text{-}17）$$

式中，$\phi(E)$ 为具有弹性模量 E 的基元的统计数量。

由式（10-17）统计分布构成的基元组成一个样本空间，在均值 E_0 不变的情况下，由于 m 值的差别，积分空间分布不一样。这些基元构成的材料介质的细观平均性质可能大体一致（E_0 相同），但是由于细观结构的无序性，使得基元的空间排列方式有显著的不同。这种细观上的无序性正好体现了岩石类介质独特的离散性特征。

众所周知，在相同荷载条件下，岩体内扩展中裂隙的渗流行为与已经存在裂隙的渗流行为是不同的，所以在裂隙岩体的损伤过程中，岩体的渗透率及渗透系数时刻发生变化，RFPA2.0-Flow 考虑了已经存在裂隙扩展、新裂隙萌生以及这两种裂隙渗流—应力—损伤耦合的影响，并考虑了岩体损伤过程中渗透率的变化，较好地将现实与数值模拟相结合，RFPA 渗流模型基于以下 4 个基本假设：

（1）岩石中渗流过程满足 Biot 固结理论和修正的 Terzaghi 有效应力原理。

（2）岩石介质为带有残余强度的弹-脆性材料，其加载和卸载过程中的力学行为符合弹性损伤理论，尽管从宏观上讲岩石可能具有明显的宏观非线性性质，但从细观上讲，局部细观单元体的破裂性质主要呈现出弹-脆性行为，岩石的声发射说明了这种弹-脆性行为普遍存在。

（3）最大拉伸强度准则、Mohr Coulomb 准则作为损伤阈值对单元进行损伤判断，单元的应力或者应变状态达到最大拉应力（或拉应变）准则和 Mohr Coulomb 准则时，单元开始发生拉和剪的初始损伤，即认为单元开始发生拉或剪的初始损伤。

（4）岩石结构是非均匀的，组成岩石的细观单元体的损伤参量满足一定的概率（Weibull）分布。

10.2.3　RFPA-Flow 主要特点

相比其他数值计算方法，RPFA 方法在进行岩体破裂计算时优势体现在以下几个方面：

（1）将材料的非均质性参数引入到计算单元，宏观破坏是单元破坏的积累过程。

（2）认为单元性质是线弹-脆性或脆-塑性的，单元的弹模和强度等其他参数服从某种分布，如正态分布、韦伯分布、均匀分布等。

（3）认为当单元应力达到破坏的准则发生破坏，并对破坏单元进行刚度退化处理，故可以以连续介质力学方法处理物理非连续介质问题。

（4）认为岩石的损伤量、声发射同破坏单元数成正比。

（5）将材料的不均匀性，当单元变形使应力达到一定强度值时即作破坏处理（即假定单元性质近似为弹-脆性的，但由于考虑了材料的非均匀性，材料的宏观性质则可能是具有软化或弱化关系的非线性性质）。

（6）破坏单元不具备抗拉能力，但具备一定的抗挤压能力。

（7）材料的非均匀性可以通过单元力学参数分布的非均匀性来表达。

（8）破坏单元的力学特性变化是不可逆的。

（9）基元相变前后均为线弹性体。

10.3   RFPA-Flow 方法典型案例介绍

10.3.1   岩体水力压裂裂纹扩展数值试验

设计如图 10-14 所示的二维平面应变模型，模型的几何尺寸为 400mm×400mm，划分的单元数为 200×200＝40000 个。模型中部设置压裂井眼，井眼直径为 20mm，在两侧中部预留长度为 3mm 的引导裂纹用来模拟水平井射孔。一级天然裂隙的中点距离井眼中心 50mm，天然裂隙的长度为 80mm。θ 为逼近角，σ_H 和 σ_h 分别为最大和最小水平主应力。设计一种含有三条天然裂缝的情形，一级天然裂缝长度为 80mm，二级为 40mm，一级天然裂缝和二级天然裂缝的平行间距为 30mm，逼近角同样为 30°、60°、90°，如图 10-14 所示。模型的四周为常水压边界（0MPa），在井眼内施加不断升高的水压力 p，每计算的水压增加量为 50kPa，模型中输入参数见表 10-5。

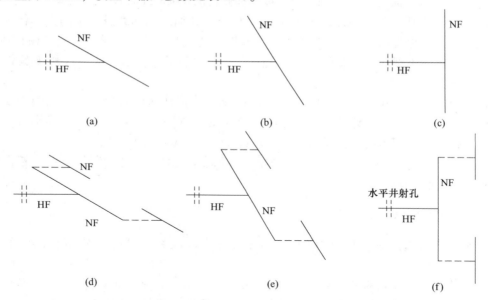

图 10-14   水力裂缝沟通天然裂缝的数值计算方案

（a）（d）$\theta=30°$；（b）（e）$\theta=60°$；（c）（f）$\theta=90°$

表 10-5   模型输入参数

参　　数	岩石基质	天然裂缝
均质度 m	3	2
弹性模量 E_0/GPa	6	1
单轴抗压强度 σ/MPa	500	100
泊松比 ν	0.25	0.33

参 数	岩石基质	天然裂缝
内摩擦角/(°)	40	18
单轴抗拉强度 σ/MPa	50	7.5
渗透系数 K/cm·s^{-1}	10^{-6}	5×10^{-6}
孔隙压力系数 α	0.8	1
耦合系数 β	0.01	0.1

采用前文的计算模型和参数，模拟分析 HF 沟通 NF 活化扩展的渐进变化过程。HF 延伸过程中主要分析的参数有：（1）地层破裂应力，指井筒内水力不断升高，使岩石发生破裂的临界压力；（2）天然裂缝开启应力，在剪切应力作用下闭合的天然裂缝再次被激活所需要的水压，分为一级裂缝开启应力和二级裂缝开启应力（一级天然裂缝指长度 80mm 的裂缝，二级天然裂缝指长度为 40mm 的 2 条裂缝）；（3）裂缝转向应力，指水力裂缝在天然裂缝尖端发生转向时所需要的压力。HF 沟通 NF 渐进延伸的过程如图 10-15 ~ 图 10-20 所示。

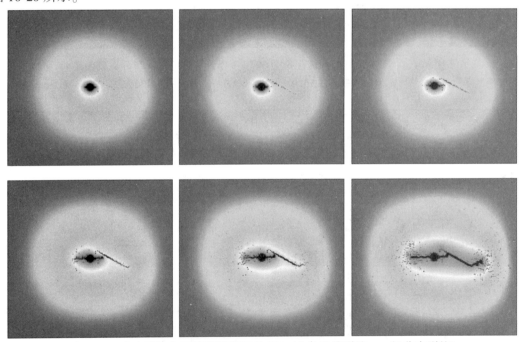

图 10-15　水力裂缝与天然裂缝逼近角 30°（1 条天然裂缝，一级分支裂纹）
（地层破裂应力：35.1MPa，裂缝开启应力：33.2MPa）

在图 10-15 中，裂缝转向应力为 36.02MPa。天然裂缝首先被激活；然后水压升高到地层破裂压力；岩石破裂后，二者沟通，水力裂缝进一步扩展，水力裂缝出现单转向，转向后延伸方向基本与大主应力平行。

在图 10-16 中，裂缝转向应力为 45.28MPa，地层首先破裂，然后天然裂缝被激活，二者沟通，水力裂缝进一步扩展，水力裂缝在天然裂隙的一端发生单转向，转向后延伸方向基本与大主应力平行。

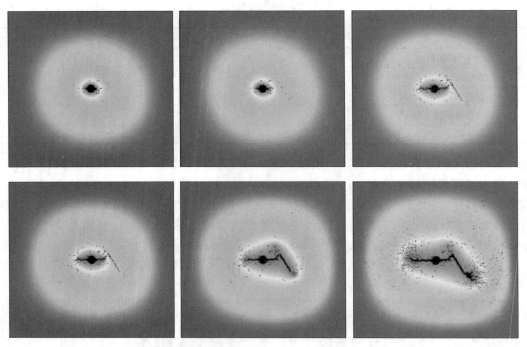

图 10-16　天然裂缝与井筒夹角为 60°（1 条天然裂缝，一级分支裂纹）

（地层破裂应力：45.04MPa，裂缝开启应力：44.7MPa）

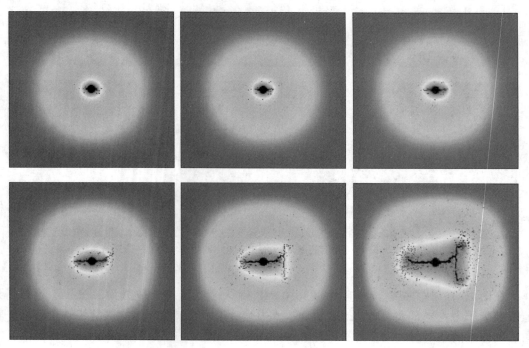

图 10-17　天然裂缝与井筒夹角为 90°（1 条天然裂缝，一级分支裂纹）

（地层破裂应力：46.05MPa，裂缝开启应力：47.02MPa）

在图 10-17 中，裂缝转向应力为 49.2MPa，地层首先破裂，然后在剪切应力作用下天然裂缝活化，水力裂缝沟通天然裂缝，水力裂缝进一步扩展，水力裂缝在天然裂缝尖端双侧转向，分支裂纹在应力场的影响下恢复与大主应力平行。

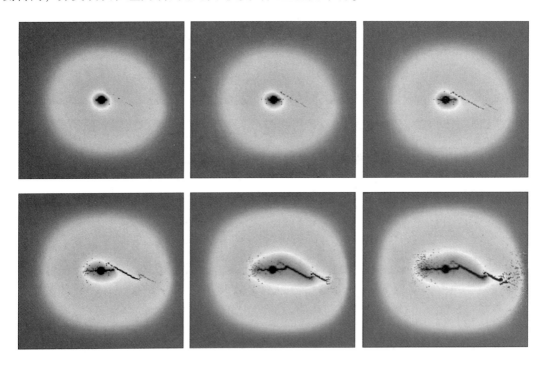

图 10-18　天然裂缝与井筒夹角为 30°（3 条天然裂缝，二级分支裂纹）
（地层破裂应力：32.66MPa，一级裂缝开启应力：32.4MPa）

在图 10-18 中，二级裂缝开启应力为 48.06MPa，一级裂缝转向应力为 38.4MPa，二级裂缝转向应力为 39.6MPa。在剪切应力作用下一级天然裂缝首先激活，紧接着地层破裂，水力裂缝沟通天然裂缝形成一级分支裂纹；遇到二级天然裂缝时，沟通 1 条二级天然裂缝，形成 2 条二级分支裂纹。水力裂缝在天然裂缝尖端处均发生单转向，一级、二级分支裂纹基本与最大主应力方向平行，裂缝尖端有大量单元发生破坏。

在图 10-19 中，二级裂缝开启应力为 43.56MPa，一级裂缝转向应力为 43.62MPa，二级裂缝转向应力为 44.26MPa。在剪切应力作用下一级天然裂缝首先激活，紧接着地层破裂，水力裂缝沟通天然裂缝形成一级分支裂纹；遇到二级天然裂缝时，沟通 1 条二级天然裂缝，形成 2 条二级分支裂纹。水力裂缝在天然裂缝尖端处均发生单转向，一级、二级分支裂纹基本与最大主应力方向平行。

在图 10-20 中，二级裂缝开启应力为 49.06MPa，一级裂缝转向应力为 49.02MPa，二级裂缝转向应力为 49.11MPa。地层首先破裂，然后在剪切应力作用下一级天然裂缝活化，形成一级分支裂纹，水力裂缝沟通天然裂缝进一步沿最大主应力扩展；遇到二级裂缝时，沟通 1 条二级天然裂缝，形成 2 条二级分支裂纹。水力裂缝在天然裂缝尖端处均发生双转向，一级、二级分支裂纹基本与天然裂缝垂直（最大主应力方向平行）。

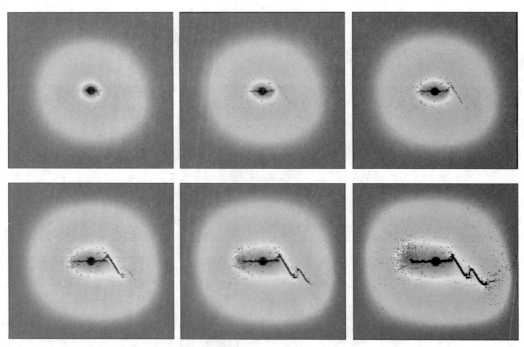

图 10-19 天然裂缝与井筒夹角为 60°（3 条天然裂缝，二级分支裂纹）
（地层破裂应力：43.3MPa，一级裂缝开启应力：42.6MPa）

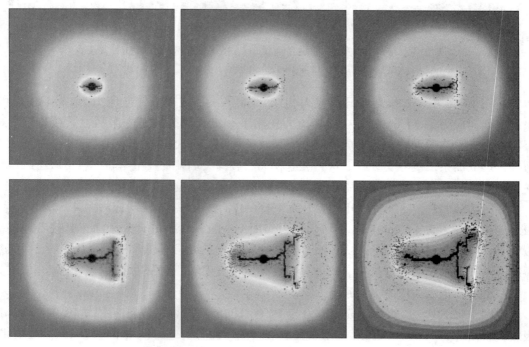

图 10-20 天然裂缝与井筒夹角为 90°（3 条天然裂缝，二级分支裂纹）
（地层破裂应力：47.8MPa，一级裂缝开启应力：48.08MPa）

10.3.2 煤矿顶板突水通道形成过程数值试验

根据承压水体上采煤的力学模型，设置了如图 10-21 所示的计算模型，模型尺寸为 160m×100m。在模型的顶部加 10m 的上覆岩层，其重度为松散风化岩层的 20 倍，用于模拟正常重度下 200m 厚的上覆岩层的自重应力。承压水水压通过边界传递到煤层的下覆含水层中，岩体只承受自重应力和水压力。边界条件为：两端水平约束，可垂直移动；底端固定，设定底端和顶端为隔水边界；设定 300m 高的定水头边界来模拟高承压水水压（$C = 3.0$MPa）。模型计算时采用的参数见表 10-6。

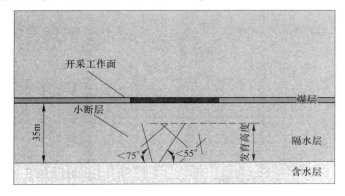

图 10-21　含隐伏断层采动岩体力学模型示意图

表 10-6　模型参数

岩层	弹性模量 E_0/GPa	抗压强度 σ_c/MPa	压拉比	摩擦角 φ/(°)	泊松比 ν	重度 γ/kN·m^{-3}	渗透系数 K/m·d^{-1}	孔隙压力系数 α
小断层	1.0	2	20	28	0.40	2.3	100	0.99
含水层	10.0	15	10	38	0.25	2.5	100	0.99
煤层	1.2	4	20	30	0.30	2.1	0.1	0.10
隔水层	3.5	13	10	35	0.25	2.5	0.1	0.10
覆盖层	5.0	12	10	30	0.25	50	0.1	0.10

假设煤层底板中发育有隐伏的小断层，断层产状随机，本书仅给小断层组发育高度为 20m 的模型的底板损伤破坏的演化图。煤层的不断开采破坏了煤层底板初始的应力平衡状态，底板出现了明显的采动破坏带，如图 10-22 所示（工作面推进 30m）。同时由于煤层的开采，致使小断层上覆的岩层压力得以释放，因此小断层出现了局部活化。但此时的局部损伤对隔水底板的整体稳定性影响不大。在整个工作面的 50m 煤层开采完成之后，虽然底板采动破坏区扩大，且小断层的活化进一步加剧，但此时隔水底板的完整性仍然很好、隔水性良好。损伤的加剧为下一步突水通道的形成创造了有利条件，随着时间推移，受采动应力和水压的共同作用，其中最左侧的小断层被完全活化，且顶部逐渐向上扩展，范围不断扩大，最终与底板采动破坏区贯通，突水通道形成，此时煤层底板已经完全失去了阻水能力。最右侧的小断层也被完全活化，并向上扩张，也有与底板采动破坏区贯通的趋势。

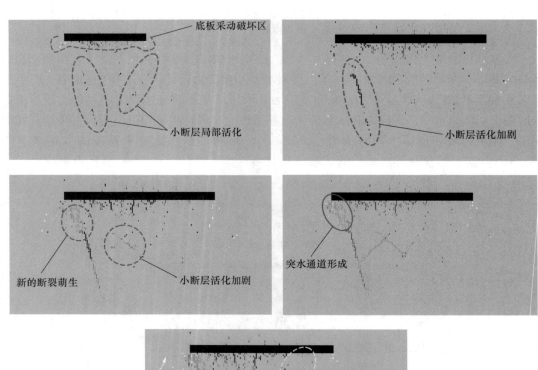

图 10-22　底板采动破坏演化过程

图 10-23 是数值模拟得到的含小断层底板突水通道形成及突水过程。开采活动不仅破坏了原始地应力的平衡，使地应力重新分布，而且这种应力重新分布影响到底板岩体的渗透能力，包括底板岩体中小断层的渗透能力。从图 10-23 的渗流场对比可以看出，采动应力对小断层的渗透性影响显著，在开采完成之后，几个小断层的渗透性都被大大提高了。在采动应力和底部高承压水作用下，小断层内的水在相互贯通的裂隙中运动，具有势能含义的静水压力转变成动能，使在裂隙内运动的水获得加速度，对裂隙壁面产生冲刷和扩张作用，并搬运裂隙中的充填物或破碎物，原裂隙扩展、新裂隙的生成，裂隙宽度的变化，裂隙的相互贯通等，最终影响到了底板隔水岩体的整体渗透性以及完整性。

10.3.3　高压流体作用下裂缝网络扩展数值试验

根据上述离散裂隙网络（DFN）生成器，利用 Beacher 模型描述了中国四川盆地东南部志留系龙马溪组页岩的天然裂缝网络。图 10-24 所示为仿真模型的几何形状和设置，采用相似准则确定了模型中裂缝的尺寸。该模型代表了一个具有实验室尺度的储层二维平面模型。在该模型中，注入流体通过模型中心的竖井井筒，注入流体以恒定速率施加在井筒

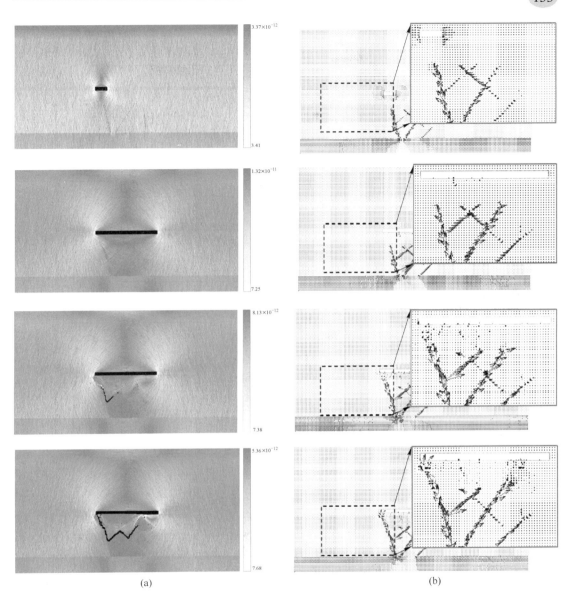

图 10-23　含小断层底板突水通道形成及突水过程的数值模拟
(a) 应力场；(b) 渗流场

上。整个模型由 40000 个（200×200）相同尺寸的正方形单元组成，模型大小为 400mm×
400mm。注射孔的直径为 15mm。从图 10-24 可以看出，顺层节理间距为 15mm，标准差为
3mm，呈正态分布。横向天然裂隙间距为 25mm，呈正态分布，标准差为 5mm。

　　数值模型输入的材料力学参数见表 10-7。通过一系列模拟，评价了不同参数对水力压
裂效果的影响以及注入井对网络演化的影响。以图 10-24（a）~（d）为例，分别对射孔角
度 0°、30°、60° 和 90° 进行了仿真研究。对于算例 "c"（对应最大可压裂面积 SRA），选
择研究多个参数对水力压裂效果的响应，报道了另外 6 个算例的数值模拟，标记为 "1~
6"。以 c-1 为例，研究注入量对水力压裂效果的影响，采用注入量 IR 分别为 0.005mL/s、

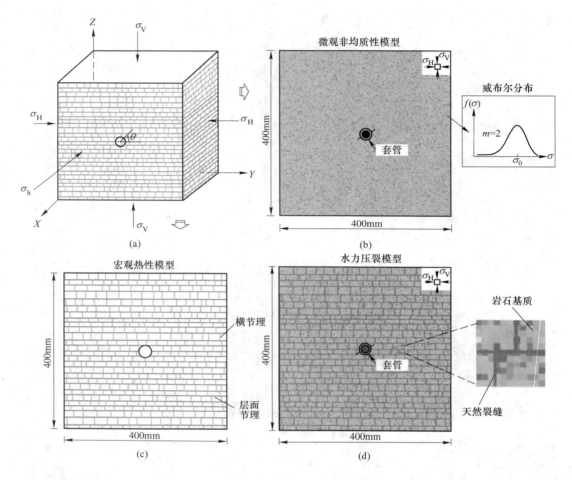

图 10-24　RFPA 数值模型建立

（模型（d）= 模型（b）+模型（c））

（a）志留系龙马溪页岩组三维简化地质；（b）微观非均匀背景模型，失效强度和弹性模量服从威布尔分布；

（c）开发的 Beacher 离散裂隙网络模型，对应于储层宏观的均质性；

（d）计算模型同时考虑了宏观和微观的不均一性特征

$0.01mL/s$、$0.02mL/s$、$0.05mL/s$。算例 c-2 考虑了应力比 SR（定义为压裂时的最大水平主应力 σ_H 与垂直应力 σ_V 的比值）对水力压裂的影响，如 SR=0.5、0.75、0.9 和 1。

表 10-7　四川盆地龙马溪组页岩水力压裂数值试验模型输入参数

指　　标	岩石基质	层理面	节理
均质度系数 m	2	1.8	1.8
弹性模量 E_0/GPa	60	30	30
泊松比 ν	0.25	0.3	0.3
内摩擦角 $\varphi/(°)$	36	33	33

指 标	岩石基质	层理面	节理
黏聚力 c	16	9	9
单轴抗压强度 σ_c/MPa	450	150	120
抗拉强度 σ_t/MPa	45	15	15
残余强度系数	0.3	0.1	0.1
初始渗透系数 K_0/m·d^{-1}	0.04	0.15	0.12
孔隙率	0.07	0.17	0.13
耦合系数 β	0.01	0.01	0.01
孔隙水压力系数 α	0.6	0.6	0.6

基本数值模型中，水平应力为 18MPa，垂直应力为 20MPa。模拟时流体选用滑水，流体流变性为 1cp。值得注意的是，模拟模型是基于实验室尺度，而不是现场尺度。其原因是场尺度模型计算量过大，计算效率极低，通过相似准则建立现场试验与实验室尺度间的关系。

10.3.3.1 射孔角度对压裂网络演化的影响

图 10-25 为四种射孔角度（射孔方向与射孔角 PA 之间的夹角）情况下缝网压裂演化结果。随着注入压力的增大，天然裂缝（顺层节理和横节理）首先受到剪切刺激。位于井筒附近的水力裂缝是逐渐开始和扩展的。天然裂缝与水力裂缝的相互作用增强，SRA 随注液量的增加而增大。可以看出，60°射孔角时水力压裂效果最好。这表明，对于本节研究的志留系龙马溪页岩组，最佳射孔角度为 60°。从注入井筒的注入压力的历史曲线可以看出，随着注入液量的增加，井筒注入压力不断增大，直至水力压裂起裂。当注入压力达到击穿压力时，刺激的储层面积不是最大的。随着注液量的不断增加，在最后一次注液时，受激油藏面积达到最大，如图 10-25 所示。图 10-26 和图 10-27 所示为不同射孔角度下压裂网络几何形状的定性和定量结果。

RFPA-Flow 方法可以记录破裂单元的数量和相关破裂时单元释放的能量，可以作为水力压裂过程中微震事件的指标。能量和强度与破坏单元的强度有关。图 10-28 为四种情况下合成的 DFNs 微震矩震级及分布。单元受拉破坏时，合成微震事件为灰色，压剪破坏时为白色。圆的大小表示微震事件的大小（注意：破坏能量相对较小的单元不带微震标志）。需要指出的是，由于天然裂缝受到剪切破坏，释放的能量非常小，因此在水力压裂过程中无法记录到一些微地震活动。结果表明，"c"的微震事件数最大；但是，对于情况 "a" 是最小值；这一现象表明，"c" 型压裂效果最佳。我们还可以看到，对于 case "c"，随着各阶段注入速率的增加，随着注入步骤的增加，它积累的关联能量最多。圆的大小表示微震事件的震级，"c" 的圆直径最大，说明 HF 与 DFN 的相互作用最明显。对于情形 d，微震事件的数量大于情形 a 和情形 b，但小于情形 c。微震事件的复杂性与现场观测结果一致，表明水力裂缝和天然裂缝之间存在强烈的相互作用。因此，在射孔 60°处水力压裂效果最好。

156

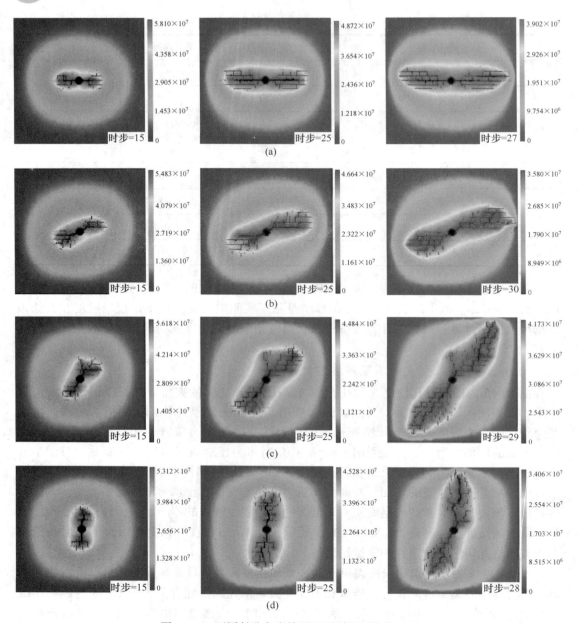

图 10-25　不同射孔角度情况下压裂缝网演化过程
（a）PA=0°；（b）PA=30°；（c）PA=60°；（d）PA=90°

10.3.3.2　注入速度对压裂网络演化的影响

如上所述，射孔角为 60°的模型时的压裂效果最佳，因此，本节针对基本模型进行参数敏感性分析。在影响水力压裂响应的诸多因素中，水力压裂过程中的注入量是首先要考虑的关键因素。注入速度、注入压力以及流体黏度是有效设计水力压裂的操作参数。此前在该油田进行的常规凝胶压裂和酸化作业未能达到部分气页岩层的预期产能。目前，页岩气滑水压裂成功的机理主要是通过对原有的天然裂缝进行增产，形成复杂的裂缝网络。因此，本节重点对水力压裂注入速率进行了研究，对天然裂缝采取滑水或低黏度增产措施。注入速率对特殊的天然裂缝地层的影响需要深入研究。对于研究的志留系龙马溪页岩气地层，注采速度对裂缝网络演化的影响如图 10-29 和图 10-30 所示。

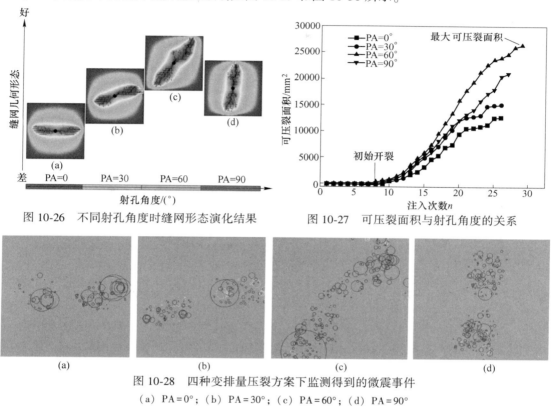

图 10-26　不同射孔角度时缝网形态演化结果

图 10-27　可压裂面积与射孔角度的关系

图 10-28　四种变排量压裂方案下监测得到的微震事件

（a）PA＝0°；（b）PA＝30°；（c）PA＝60°；（d）PA＝90°

注入量是一个重要的操作参数，注入量对压裂效果的影响取决于地层的特征。从图10-29 和图 10-30 可以看出，注入速率较低时，压裂液一般沿天然裂缝流动。在注入速率较高的条件下，天然裂缝极易偏离最大水平应力方向。水力裂缝可与天然裂缝连通，极大地增加了可压裂面积。结果表明，合理的注入量设计可以获得水力压裂过程中最大的增产储层体积。

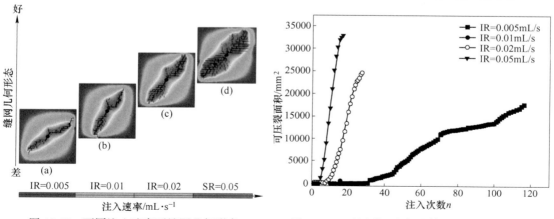

图 10-29　不同注入速率下缝网几何形态

图 10-30　可压裂面积与流体注入速率的关系

158

10.3.3.3　应力比对压裂网络演化的影响

本节的应力比指标定义为最大水平应力与垂直应力的比值（σ_H/σ_V）。图 10-31 为应力比为 0.5、0.75、0.9 和 1 时的压裂模拟形貌结果。可以看出，在不同的应力比下，压裂网的形态是不同的。压裂网的形态与垂直应力基本平行。当应力比为 0.5 时，受激储层面积增加最小；而当应力比为 0.9（基准情况）时，水力压裂效果最好。图 10-32 为提高应力比的影响、定量指标的变化过程。

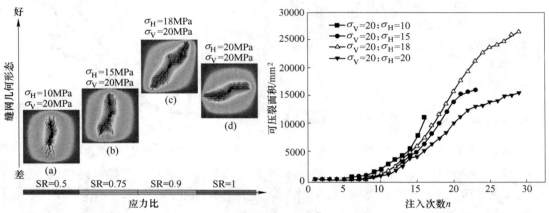

图 10-31　不同天然应力比条件下压裂缝网几何形态　　　图 10-32　可压裂面积与应力比的关系

10-1　稳定渗流与非稳定渗流的区别是什么？各对应的渗透系数测试方法有哪些？

10-2　脉冲衰减试验测量岩石渗透系数的原理是什么？

10-3　RFPA-Flow 软件有什么特点？

10-4　土石混合体渗透系数测量方法是什么？

10-5　简述身边发生的由于水的渗流导致的典型岩土灾害事件，并分析原因。

参 考 文 献

[1] 王大纯，张人权，等. 水文地质学基础 [M]. 北京：地质出版社，2002.

[2] 张人权，梁杏，勒孟贵，等. 水文地质学基础 [M]. 6 版. 北京：地质出版社，2010.

[3] 肖长来，梁秀娟，王彪. 水文地质学 [M]. 北京：清华大学出版社，2009.

[4] 中华人民共和国国家标准. 水文地质术语（GB/T 14157—93）[S]. 1993.

[5] 沈树荣，王仰之，李鄂荣. 水文地质史话·札记 [M]. 北京：地质出版社，1985.

[6] 杨鸿勋. 建筑考古学论文集 [M]. 北京：文物出版社，1987.

[7] Jiao J J. A 5600-year-old wooden well in Zhejiang Province [J]. China Hydrogeology Journal，2007，15：1021~1029.

[8] 白广美. 中国古代盐井考 [J]. 自然科学史研究，1985，4（2）：172~185.

[9] Biswas A K. History of Hydrology [M]. Amsterdam：North Holland Publishing Company，1970.

[10] Todd D K，Mays L W. Groundwater Hydrology [M]. 3rd ed. New York：John Wiley & Sons Inc，2005.

[11] Engelen G B，Jones G P. Developments in the analysis of groundwater flow sytems. LAHS Publication，No. 163. 1986.

[12] 柴崎达雄. 地下水盆地管理 [M]. 王秉忱，等译. 北京：地质出版社，1982.

[13] 陈梦熊. 现代水文地质学的演变与发展 [J]. 水文地质工程地质，1993，20（3）：1~7.

[14] Tóth J. Cross-formational gravity-flow of groundwater：A mechanism of the transport and accumulation of petroleum（The generalized hydraulic theory of petroleum migration）[M]//Robert W H，Cordell R J. Problems of Petroleum Migration. AAPG Studies in Geology，1980：121~167.

[15] 库恩. 科学革命的结构 [M]. 北京：北京大学出版社，2003.

[16] 阿利托夫斯基 M E，康诺波梁采夫 A A. 地下水动态研究方法指南 [M]. 檀宝山，张可迁，译. 北京：地质出版社，1956.

[17] 张人权. 国外水文地质研究中应用同位素方法的现状 [J]. 水文地质工程地质，1981(6)：55~57.

[18] 刘存富. 法国同位素水文地质简介 [J]. 地质科技情报，1982，3：1~6.

[19] 万军伟，刘存富，晁念英，等. 同位素水文学理论与实践 [M]. 武汉：中国地质大学出版社，2003.

[20] 《中国大百科全书》总编辑委员会，《大气科学·海洋科学·水文科学》编辑委员会. 中国大百科全书·大气科学·海洋科学·水文科学 [M]. 北京：中国大百科全书出版社，1987.

[21] 区永和，陈爱光，王恒纯. 水文地质学概论 [M]. 武汉：中国地质大学出版社，1988.

[22] 沈照理，许绍倬. 关于地下水地质作用 [J]. 地球科学（中国地质大学学报），1985（1）：99~105.

[23] 姚振宽. 滴灌工程——中国农业的重要组成部分 [M] //许越先，刘昌明，沙和伟. 农业用水有效性研究. 北京：科学出版社，1992.

[24] 张人权. 失误与反思——水文地质学方法论评述 [J]. 水文地质工程地质，1989（1）：100~106.

[25] 雨岩. 概念定性·定量 [J]. 水文地质工程地质，1991（6）：116~125.

[26] 孙连发，张人权. 模型·拟合预测 [J]. 水文地质工程地质，1991（5）：59~63.

[27] 区永和，陈爱光，王恒纯. 水文地质学概论 [M]. 北京：中国地质大学出版社，1988.

[28] Engelen G B，Jones G P，et al. Developments in the analysis of groundwater flow systems [M]. IAHS Press，1986.

[29] 王大纯. 我国水文地质学的展望 [J]. 地球科学，1985（1）：265~274.

[30] 薛禹群. 地下水动力学 [M]. 2 版. 北京：地质出版社，2001.

[31] 陈崇希. 给水度的概念、定义及包气带水的水分分布模型 [J]. 水文地质工程地质，1984（4）：

45~51.

[32] 张蔚榛, 张瑜芳. 土壤释水性和给水度数值模拟初步研究 [J]. 水文地质工程地质, 1983 (5): 71~79.

[33] 张人权, 高云福, 王佩仪. 层状土重力释水机制初步探讨 [J]. 地球科学, 1985 (1): 111~118.

[34] 沈照理, 等. 水文地质学 [M]. 北京: 地质出版社, 1985.

[35] Freeze R A, Cherry J A. Groundwater [M]. New Jeorsey: Prentice-Hall Inc. 1979.

[36] 弗里泽 R A, 彻里 J A. 地下水 [M]. 吴静方, 译. 北京: 地震出版社, 1987.

[37] Miller R J, Low P F. Threshold gradient for water flow in the clay systems [J]. Soil Science Society of America Proceedings, 1963, 27 (6): 605~609.

[38] Olsen H W. Darcy's law in saturated kaolinite [J]. Water Resource Research, 1966, 2 (6): 287~295.

[39] 张忠胤. 关于地上悬河地质理论问题关于结合水动力学问题 [M]. 北京: 地质出版社, 1980.

[40] 徐维生, 柴军瑞, 王如宾, 等. 低渗透介质非达西渗流研究进展 [J]. 勘察科学技术, 2007, 3: 20~24.

[41] 王慧明, 王恩志, 韩小妹, 等. 低渗透岩体饱和渗流研究进展 [J]. 水科学进展, 2003, 114 (12): 242~248.

[42] 任天培, 彭定邦, 郑秀英, 等. 水文地质学 [M]. 北京: 地质出版社, 1986.

[43] 沈继方, 史毅虹. 北京西山变玄武岩裂隙发育规律及含水特征 [J]. 地球科学 (中国地质大学学报), 1985, 10 (1): 133~147.

[44] Соколов Д. С. Основные условия развития карста [M]. Госгеолтехиздат, Москва. 1962.

[45] 张寿越. 碳酸岩系的溶蚀与岩溶的发育: 以湖北、四川、广西等省 (区) 为例 [J]. 地质学报, 1979, 3: 248~261.

[46] 曹伯勋. 地貌学与第四纪地质学 [M]. 武汉: 中国地质大学出版社, 1995.

[47] 刘再华, Dreybroadt W, 韩军, 等. CaCO3-CO2-H2O 岩溶系统的平衡化学及其分析 [J]. 中国岩溶, 2005, 24 (1): 1~14.

[48] 袁道先, 蔡桂鸿. 岩溶环境学 [M]. 重庆: 重庆出版社, 1988.

[49] Todd D K, Mays L W. Groundwater Hydrology [M]. 3rd ed. New York: John Wiley & Sons Inc, 2005.

[50] 陈葆仁, 洪再吉, 汪福炘. 地下水动态及其预测 [M]. 北京: 科学出版社, 1988.

[51] 王永林. 1975 年海城 7.3 级地震前地下水位动态异常的剖析 [J]. 中国地震, 1987, 3 (4): 74~81.

[52] 杨成双. 1975 年海城地震前地下水位异常的时空分布 [J]. 地震学报, 1982, 4 (1): 84~89.

[53] 张立海, 张业成, 刘凤民, 等. 地下水化学组分在强震活动下的突变 [J]. 安全与环境学报, 2007, 7 (4): 39~43.

[54] 车用太, 刘成龙, 鱼金子. 论地震预测 (报) 现状及基础研究问题 [J]. 国际地震动态, 2005, 12: 19~23.

[55] 章至洁, 韩宝平, 张月华. 水文地质学基础 [M]. 徐州: 中国矿业大学出版社, 1995.

[56] 任鸿遵. 华北平原农业水资源利用中的主要环境问题 [M] //许越光, 刘昌明, 沙和伟. 农业用水有效性研究. 北京: 科学出版社, 1992: 189~193.

[57] 张蔚榛, 张瑜芳. 对灌区水盐平衡和控制土壤盐渍化的认识 [J]. 中国水利, 2003, 8 (B刊): 24~30.

[58] 蔡明科, 魏晓妹, 粟晓玲. 灌区耗水量变化对地下水均衡影响研究 [J]. 灌溉排水学报, 2007, 26 (4): 16~20, 63.

[59] 王大纯, 张人权. 孔隙承压地下水资源评价和地面沉降的关系 [J]. 水文地质工程地质, 1981, 6: 1~3, 8.

［60］曹文炳.孔隙承压含水系统中黏性土释水及其在资源评价中的意义［J］.水文地质工程地质，1983（4）：8～13.

［61］袁道先，蒋忠诚.IGCP379"岩溶作用与碳循环"在中国的研究进展［J］.水文地质工程地质，2000，27（1）：49～51.

［62］White W B. Geomorphology and Hydrology of Karst Terrains［M］. Oxford University Press，1988.

［63］孙枢.CO_2 地下封存的地质学问题及其对减缓气候变化的意义［J］.中国基础科学，2006（3）：17～22.

［64］凌琪.酸雨的形成机制研究进展［J］.安徽建筑工业学院院报，1995，3（1）：55～58.

［65］任仁.中国酸雨的过去、现在和将来［J］.北京工业大学学报，1997，23（3）：128～132.

［66］王恒纯.同位素水文地质概论［M］.北京：地质出版社，1991.

［67］Drever J L. The geochemistry of natural waters：surface and groundwater environment［M］. 3rd ed. New Jersey：Prentice Hall，1997.

［68］Edmunds W M. Significance of geochemical signatures in sedimentary basin aquifer systems［M］//Cidu R. Proceedings 10th Water-Rock Interaction Lisse，2001，1：29～36.

［69］Domenico P A，Schwartz F W. Physical and chemical hydrogeology［M］. 2nd ed. New York，Chichester，Weinbein，Brisbane，Toronto，Singapo：John Wiley & Sons Inc，1998.

［70］沈照理.水文地球化学基础［M］.北京：地质出版社，1986.

［71］李涛.艾比湖水化学演化的初步研究［J］.湖泊科学，1993，5（3）：234～243.

［72］章至洁，韩宝平，张月华.水文地质学基础［M］.徐州：中国矿业大学出版社，1995.

［73］Jacob Bear. Hydraulics of Groundwater［M］. New York：McGraw-Hill International Book Co.，1979.

［74］地质部水文地质工程地质技术方法研究队.水文地质手册［M］.北京：地质出版社，1983.

［75］沈振荣，等.水资源科学实验与研究——大气水、地表水、土壤水、地下水相互转化关系［M］.北京：中国科学技术出版社，1992.

［76］魏永纯，武军.地下水人工补给与地下水库［M］.北京：水利电力出版社，1979.

［77］沈照理，朱宛华.水文地球化学基础［M］.北京：地质出版社，1993.

［78］梁杏，郭会荣.水文地质学基础实验实习教程［M］.北京：地质出版社，2009.

［79］舒和平.黄土丘陵地区小流域泥石流形成与运动特征模拟研究［D］.兰州：兰州大学，2019.

［80］刘琼.山门河山洪泥石流特征与治理措施研究［D］.西安：长安大学，2019.

［81］刘鹏.堰塞坝溃决模式及其溃坝演化特征的试验研究［D］.西安：西安科技大学，2019.

［82］刘传正.重大地质灾害防治理论与实践［M］.北京：科学出版社，2009.

［83］刘传正.长江三峡库区地质灾害成因与评价研究［M］.北京：地质出版社，2007.

［84］刘传正.中国地质灾害区域预警方法与应用［M］.北京：地质出版社，2009.

［85］Tang C A，Tham L G，Lee P K K. Coupled analysis of flow，stress and damage（FSD）in rock failure. Int J Rock Mech Min Sci，2002，39：477～489.

［86］Terzaghi K. The shearing resistance of saturated soils and the angle between the planes of shear. International conference on soil mechanics and foundation engineering［M］. Harvard University press：Cambridge，MA，1936：54～56.

［87］Wang S Y，Sloan S W，Liu H Y. Numerical simulation of the rock fragmentation process induced by two drill bits subjected to static and dynamic（impact）loading［J］. Rock Mech Rock Eng，2011，44：317～336.

［88］Wang Y，Li X，Zhou R Q，et al. Numerical evaluation of the shear stimulation effect in naturally fractured formations［J］. Science China：Earth Sciences，2015.

［89］Wang Y，Li X，Zhou R Q，et al. Numerical evaluation of the effect of fracture network connectivity in naturally fractured shale based on FSD model [J]. Science China: Earth Sciences, 2015.

[90] Warpinski N R, Fnley S J, Vollendorf W C. The interface test series: an in situ study of factors affecting the containment of hydraulic fractures. Sandia National Laboratories Report, SAND, 1982: 2381~2408.

[91] Yang T H, Tham L G, Tang C A, [J] et al. Influence of Heterogeneity of Mechanical Properties on Hydraulic Fracturing in Permeable Rocks. Rock Mech. Rock Eng, 2004, 37 (4): 251~275.

[92] Walsh J, Brace W, Frangos W. Permeability of granite under high pressure [J]. J Geophs Res, 1968, 73 (6): 2225~2236.

[93] 李小春, 高桥学, 吴智深, 等. 瞬态压力脉冲法及其在岩石三轴试验中的应用 [J]. 岩石力学与工程学报, 2001, 20 (1): 1725~1733.

[94] 林春. 层状岩体三轴压缩渗透试验及细观数值模拟 [D]. 泉州: 华侨大学, 2019.

[95] 殷跃平. 西藏波密易贡高速巨型滑坡概况 [J]. 中国地质灾害与防治学报, 2000, 11 (2): 100.

[96] 郭捷, 马凤山, 赵海军, 等. 三山岛海底金矿突涌水优势渗流通道与来源研究 [J]. 工程地质学报, 2015, 23 (4): 784~789.

[97] Wang Y, Li X, Tang C A. Effect of injection rate on hydraulic fracturing in naturally fractured shale formations: a numerical study [J]. Environmental Earth Sciences, 2016, 75 (11): 935.

[98] Wang Y, Li C H, Wei X M, et al. Laboratory Investigation of the Effect of Slenderness Effect on the Non-Darcy Groundwater Flow Characteristics in Bimsoils [J]. Water, 2017, 9 (9): 676.

[99] 陈祖煜. 沟后水库大坝失事实录 [J]. 水利管理技术, 1994 (1): 19~22.